高等职业教育园林工程技术专业系列教材

园林工程施工技术

主　编　张金炜

副主编　何礼华　于飞龙

参　编　马玉磊　刘　夔　崔广元　程　晨
　　　　胡军军　蒋科峰　耿礼龙

机械工业出版社

本书根据园林工程施工技术规范、技术工艺和职业岗位的要求，构建课程体系和教学内容，依照人才培养目标使教材内容能有效地顺应当下的职业岗位需求实际。

本书分为七个项目，内容紧贴生产和施工实际，系统介绍了土方工程施工、给水排水及照明工程施工、硬质铺地施工、假山工程施工、水景工程施工、园林建筑及小品施工和绿化种植施工。理论阐述、实验实训和范例具有鲜明的应用实践性和技术实用性。教材体例新颖，一目了然，易于解读，可作为高等职业教育园林技术、园林工程技术及相关专业学生的学习用书；也可以作为从事园林及相关行业技术人员、管理人员及园林绿化工考证培训参考用书。本书配有《园林工程施工技术实训手册》。

图书在版编目（CIP）数据

园林工程施工技术 / 张金炜主编 . -- 北京：机械工业出版社，2024. 12. --（高等职业教育园林工程技术专业系列教材）. -- ISBN 978-7-111-77528-7

Ⅰ．TU986.3

中国国家版本馆 CIP 数据核字第 2024LD4124 号

机械工业出版社（北京市百万庄大街 22 号　邮政编码 100037）

策划编辑：王靖辉　　　　　责任编辑：王靖辉　王华庆
责任校对：龚思文　宋　安　封面设计：马精明
责任印制：李　昂

北京捷迅佳彩印刷有限公司印刷

2025 年 3 月第 1 版第 1 次印刷
184mm×260mm・14.5 印张・332 千字
标准书号：ISBN 978-7-111-77528-7
定价：59.00 元（含实训手册）

电话服务　　　　　　　　　网络服务
客服电话：010-88361066　　机　工　官　网：www.cmpbook.com
　　　　　010-88379833　　机　工　官　博：weibo.com/cmp1952
　　　　　010-68326294　　金　书　网：www.golden-book.com
封底无防伪标均为盗版　机工教育服务网：www.cmpedu.com

前　言

　　站在人与自然和谐共生的高度谋划发展，推动经济社会发展绿色化、低碳化，实现高质量发展是全面建设社会主义现代化国家的内在要求，不仅提升了生态文明建设的战略地位，同时也为新时代园林绿化高质量发展提供了行动指南和强大动力。园林工程的施工意在建设良好的人居环境，代表了人民对美好生活的向往和人居环境发展的趋势。本书以党的二十大精神为指导，贯彻"绿水青山就是金山银山"的理念，充分展示职教特色，突出质量为先的特点，系统介绍了园林工程施工技术的施工工艺操作流程和理论基础知识。

　　在编写过程中，力求突出工作中的具体项目和任务，坚持正确的政治方向和价值取向，突出园林工程施工技术的特色。首先，通过项目岗位职业能力清单要达成的知识、技能和素质要求分解学习内容。任务中的"课前自学"内容要求学生课前掌握，确保学习技能前的知识储备。"课中学习"注重对典型工作任务的工作流程进行分解，详细分析施工操作步骤。"课堂问题导向工作任务"以学生工作任务为导向，以学生为主体，以完成工作任务为目的，注重培养学生主动思考、善于沟通和合作的品质，为提高职业能力奠定良好的基础。"课后练习"部分为巩固课中部分提供思考和练习，《园林工程施工技术实训手册》为学生培养目标的达成提供帮助。多样化的学习资源包括微课视频、学习软件、项目案例、设计素材等（具体见国家级资源库园林工程技术相关内容），注重线上线下相互贯通，实现学习的无障碍化。通过多元化的教学资源和方法探索，为学科体系建设和专业课程体系建设发展提供参考，使应用型教育教学发展适应新时代发展和社会人才需求。

　　本书具有以下特点：

　　1）符合职业岗位需求。根据园林工程施工技术规范、工艺和职业岗位的要求，贯彻协同创新、发挥各自优势的理念，改革课程体系和教学内容，突出依照人才培养目标以实现创新驱动发展的特点，努力使教材内容能有效地顺应当下的职业岗位需求实际。理论的阐述、实验实训内容和范例具有鲜明的应用实践性和技术实用性。注重对学生实践能力的培养，满足技术技能型人才的培养要求，彰显实用性、直观性、适时性、新颖性和先进性等特点。

　　2）革新传统教材编写模式。运用互联网技术和手段，将技术标准、生产工艺与流程，以及施工各环节的技术，以生动、灵活、动态的形式（如虚拟仿真动画、二维码等）配合课堂教学和实训操作，形成较为完整的教学资源库，形成"教材－教学－学习－实践"的多元媒介组合，使课程精彩内容不断呈现，让学生对学习内容可以进行选择，使得教材能在一定意义上实现精准的个性化教育。

本书的内容包括园林工程施工中的主要施工技术及工艺，涉及土方工程施工、给水排水及照明工程施工、硬质铺地施工、假山工程施工、水景工程施工、园林建筑及小品施工、绿化种植施工。本书由宁波城市职业技术学院张金炜任主编，由杭州富阳真知园林科技有限公司何礼华、宁波城市职业技术学院于飞龙任副主编，参与编写人员还有宁波汇洲生态建设有限公司胡军军；宁波一澍景观工程有限公司蒋科峰；宁波善艺园林景观工程有限公司耿礼龙；宁波城市职业技术学院马玉磊、刘夔、崔广元、程晨；全书由张金炜统稿。感谢校企同行提供的图片、视频及相关场景，有了众多同行的支持与配合，才使得本书的内容更加充实和独特。

由于编者水平有限，书中疏漏和不妥之处在所难免，恳请专家同仁及各位读者批评指正。

编　者

本书微课清单

名称	图形	名称	图形	名称	图形
视频 1-1　地形处理原理		视频 3-3　庭院园路施工		视频 3-14　混凝土搅拌	
视频 1-2　方格网法计算土方工程量		视频 3-4　碎石垫层施工		视频 3-15　花岗岩面层施工	
视频 1-3　断面法计算土方工程量		视频 3-5　混凝土基层施工		视频 3-16　花岗岩面层切割安装	
视频 1-4　挖掘机挖掘示意		视频 3-6　路缘石安装施工		视频 3-17　广场铺装工程施工	
视频 1-5　羊足碾压路机示意		视频 3-7　透水砖砂浆施工		视频 3-18　洗米石施工全过程	
视频 1-6　基础开挖		视频 3-8　透水砖面层铺设		视频 3-19　塑胶铺装工程施工	
视频 1-7　土方搬运		视频 3-9　透水砖铺设局部处理		视频 4-1　施工准备和基础施工	
视频 1-8　土方施工		视频 3-10　防腐木面层安装		视频 4-2　山石材料的选用和吊运	
视频 2-1　给排水管道施工		视频 3-11　台阶工程施工流程		视频 4-3　假山山石吊装	
视频 3-1　园路工程施工		视频 3-12　台阶铺设石材切割和打磨		视频 4-4　假山山体堆叠	
视频 3-2　园路工程侧石打磨		视频 3-13　台阶踏板面层铺设		视频 4-5　假山山体拉底	

（续）

名称	图形	名称	图形	名称	图形
视频 4-6　假山工程山体的起脚		视频 5-8　水池陶瓷锦砖贴面施工		视频 6-6　木亭施工	
视频 4-7　假山山中层		视频 5-9　典型浆砌块石驳岸施工		视频 6-7　花架基础施工	
视频 4-8　假山山体打塞		视频 5-10　驳岸工程施工动画		视频 6-8　柱脚处理	
视频 4-9　塑石假山施工流程		视频 5-11　茶室流水景观		视频 6-9　油漆涂饰工程	
视频 4-10　假山山体皴纹质感处理		视频 5-12　音乐喷泉工程		视频 6-10　格子条安装	
视频 5-1　自然式水池		视频 5-13　程控喷泉		视频 6-11　绿植墙施工	
视频 5-2　管线综合		视频 5-14　喷泉工程施工		视频 6-12　园桥施工	
视频 5-3　水池防水涂料处理		视频 6-1　某新中式庭院建设项目案例		视频 6-13　钢筋绑扎	
视频 5-4　水池防水技术		视频 6-2　花坛施工		视频 6-14　新中式景墙施工	
视频 5-5　水池池底钢筋绑扎		视频 6-3　花坛墙体及面层施工		视频 7-1　落叶乔木修剪	
视频 5-6　水池池壁钢筋绑扎		视频 6-4　干垒挡土墙的施工		视频 7-2　灌木修剪	
视频 5-7　水池混凝土振捣		视频 6-5　混凝土亭施工		视频 7-3　草坪铺设	

目 录

前言
本书微课清单

项目一　土方工程施工　1
　　任务一　土方平衡与调配　2
　　任务二　土方施工　19

项目二　给水排水及照明工程施工　30
　　任务一　给水排水系统施工　31
　　任务二　照明工程施工　38

项目三　硬质铺地施工　47
　　任务一　园路工程施工　48
　　任务二　广场工程施工　62

项目四　假山工程施工　74
　　任务一　天然假山施工　75
　　任务二　塑石假山施工　88

项目五　水景工程施工　93
　　任务一　刚性水池施工　94
　　任务二　自然式水池施工　101
　　任务三　驳岸与护坡的施工　107
　　任务四　喷泉工程施工　113

项目六　园林建筑及小品施工　126
　　任务一　花坛施工　127
　　任务二　园林挡土墙施工　134
　　任务三　亭施工　141
　　任务四　花架施工　148
　　任务五　园桥施工　154
　　任务六　景墙施工　159

项目七　绿化种植施工　168
　　任务一　乔木种植施工　169
　　任务二　灌木及草坪种植施工　177

参考文献　183

园林工程施工技术实训手册

项目一 土方工程施工

职业能力清单

知识要求
- 掌握土方工程量计算的方法；
- 掌握土方平衡与调配的方法；
- 熟悉土方工程施工的流程和技术；
- 了解土方施工中的常见机具。

技能要求
- 能运用坡度公式和土方体积计算公式进行土方计算；
- 会正确使用土方调配方法；
- 能通过地形营造技术对场地进行改造和施工；
- 能利用机具进行土方施工放样。

素质要求
- 土方计算过程中认真仔细、负责、耐心的素质；
- 对不同土方调配的计算公式能有灵活选择的思维素质；
- 服从项目经理指挥，具有现场优化土方调配方案的团队协调能力；
- 具备诚实守信不虚报土方工程量的职业道德；
- 土方项目管理过程中养成平等交流的习惯。

项目学习引言

党的二十大报告指出，我们必须坚持解放思想、实事求是、与时俱进、求真务实，一切从实际出发，着眼解决新时代改革开放和社会主义现代化建设的实际问题，不断回答中国之问、世界之问、人民之问、时代之问，作出符合中国实际和时代要求的正确回答，得出符合客观规律的科学认识，形成与时俱进的理论成果，更好指导中国实践。土方施工中要因地制宜，合理施工。俗话说"三分设计，七分施工"。在施工中遵循"先整体后局部，先控制后单项"。在园林工程施工中，土方工程是在原有地形的基础上，综合了园林的实用和景观功能，对园林中地形、建筑、绿地、道路、广场、管线等进行统筹安排。在施工中，地形的营造形成了整体格局的骨架。因此，在园林土方工程施工中，要根据地形合理地放样。通过利用和改造，处理好自然地形和园林中各个单项工程的关系，充分体现出总体

园林工程施工技术

规划的意图。

本项目重点介绍了园林工程施工中的土方工程,分为土方平衡与调配和土方施工两个任务。其中土方平衡与调配是对挖土、填土、堆弃或移运之间的关系进行综合协调,以确定土方的调配数量及调配方向。土方施工的好坏直接决定了施工质量的好坏,并影响到景观质量和以后的日常维护。学习时应充分了解设计师意图和现场条件并合理制定出施工方案。在施工中不断通过现场调整以达到最佳的景观效果。

任务一　土方平衡与调配

在园林工程施工中,土方工程施工质量的好坏直接影响景观质量和以后的日常维护。通过进行土方工程量计算可以明确地了解园内各部分的填(挖)情况及动土量的大小。因此,在土方工程施工前对土方量的计算尤为重要,特别是在园林工程建设过程中,地形改造除挖湖堆山的工作外,还有许多大大小小的各种用途的地坪、缓坡地需要平整。在施工前要进行土方平衡和调配,其目的在于使土方运输量或土方运输成本最低的条件下,确定填(挖)区土方的调配方向和数量,从而达到缩短工期和提高经济效益的目的。

课前自学

一、土方中的相关概念

1. 园林地形和园林微地形

视频1-1
地形处理原理

园林地形指一定范围内承载树木、花草、水体和园林建筑等物体的地面。园林微地形是指一定园林绿地范围内植物种植地的起伏状况。在造园工程中,适宜的微地形处理有利于丰富造园要素、形成景观层次,达到加强园林艺术性和改善生态环境的目的。在规则式园林中,园林微地形一般表现为不同标高的地坪、层次;在自然式园林中,往往因为地形的起伏,形成平原、丘陵、山峰、盆地等地貌,如视频1-1所示。

2. 园林地貌和地物

园林地貌是指园林用地范围内的峰、峦、坡、谷、湖、潭、溪、瀑等山水地形外貌。它是园林的骨架,是整个园林赖以生存的基础。地物是指地表面的固定性物体(包括自然形成和人工建造),如居民点、道路、江河、树林、建筑物等。

3. 地形设计

地形设计又称为竖向设计,是对原有地形、地貌进行工程结构和艺术造型的改造设计。园林地形设计要充分体现原总体规划布局意图,不受限于现状,采取一定的工程措施进行营造。地形设计的任务就是最大限度地发挥园林的综合功能,统筹安排园内各景点、设施和地貌景观之间的关系,使地上设施和地下设施之间、山水之间、园内与园外之间在高程上有合理的关系,图1-1所示为某庭院尺寸及标高平面图。

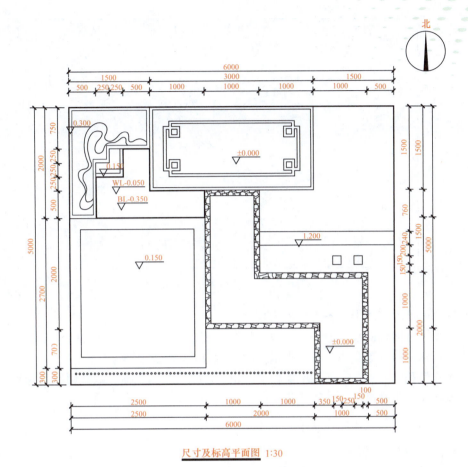

图 1-1 某庭院尺寸及标高平面图

4. 地形图

地形图是按一定比例尺表示地貌、地物平面位置和高程的一种正射投影图。其基本特征是：

1）以大地测量成果作为平面和高程的控制基础，并印有经纬网和直角坐标网，能准确表示地形要素的地理位置，便于目标定位和图上量算。

2）以航空摄影测量为主要手段进行实地测绘或根据实测地图编绘而成，内容详细准确。

3）地貌一般用等高线表示，能反映地面的实际高度、起伏状态，具有一定的立体感，能满足图上分析研究地形的需要。

4）有规定的比例尺系列。

5）有统一的图式符号，便于识别使用。

5. 等高线

等高线是表示地势起伏的等值线。它是地面上高程相同的各相邻点所连接成的封闭曲线垂直投影到平面上的图形，如图 1-2 所示。一组等高线不仅可以显示地面的高低起伏，而且还可以根据等高线的疏密和图形判断地貌的形态类型和斜坡的坡度陡缓。因此，熟悉等高线的特性对测绘和应用地形图是非常重要的。等高线的特征，通常可以归纳为以下几点：

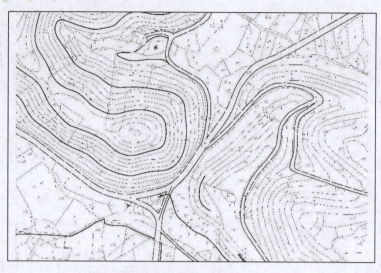

图1-2 等高线表示地形

1）在同一条等高线上，各点高程均相等。
2）等高线是闭合曲线，但不一定在一幅图内闭合。
3）在一幅图内，等高线愈密，表示地面坡度愈陡，反之则缓。
4）除悬崖和峭壁外，等高线不能相交，也不能重叠，而悬崖、峭壁则用特殊符号表示。
5）等高线与山脊线、山谷线成正交。

6. 土壤的自然倾斜面和安息角

土壤自然堆积，经沉落稳定后，会形成一个稳定的、坡度一致的土体表面，此表面即称为土壤的自然倾斜面。自然倾斜面和水平面的夹角称为土壤的自然倾斜角，即安息角 θ，如图 1-3 所示。

图1-3 土壤的自然倾斜面和安息角

二、园林地形处理原则

园林中的地形可分为陆地及水体两部分。地形的处理好坏直接影响着园林空间的美学特征和人们的空间感受，影响着园林的布局方式、景观效果、排水设施等要素。因此，园林地形的处理也必须遵循一定的原则。

1. 结合地形，因景得宜，充分体现自然风貌

大自然是最美的景观，结合景点的自然地貌进行地形处理，使人倍感亲切。地形处理是造园的基础，也是造园的必要条件。《园冶·兴造论》中，"因者：随基势高下，体形之端正，碍木删桠，泉流石注，互相借姿；宜亭斯亭，宜榭斯榭，不妨偏经，顿置婉转……"，即因不同的地点和环境条件灵活地组景，有山靠山，有水依水，充分攫取自然的美景为我所用，因此，地形的处理对景点的布置起着决定性的作用，在造园前必须进行地形处理。

2. 以小见大，适当造景

地形在高度、大小、比例、尺度、外观、形态等方面的变化可形成丰富的地表特征。在较大的场景中，需要宽阔的绿地、大型草坪或疏林草地来展现宏伟壮观的场景；在较小的

区域内,可以从水平和垂直两个方向打破整齐划一的感觉,通过适当的地形处理,创造更多的层次。

3. 地形与组成部分和谐统一

园林中的地形是具有连续性的,园林中的各组成部分是相互联系、相互影响、相互制约的,彼此不可能孤立而存在。因此,每块地形的处理既要保持排水及种植要求,又要与周围环境和建筑融为一体,以淡化人工建筑与环境的界限,力求达到自然过渡的效果。

4. 符合园林美的法则

园林是以人为的艺术加工和工程措施建造而成的。园林美源于自然又高于自然,是自然景观和人文景观的高度统一。园林美具有多元性,在园林的地形处理中必须遵循园林美的法则。

三、方格网法计算土方方法

方格网法是把平整场地的设计工作和土方量计算工作结合在一起进行的,适于如停车场、集散广场、体育场、露天演出场等的土方量的计算。其工作步骤如下,计算案例如视频1-2所示。

1. 识读方格网图

方格网图由设计单位将场地划分为边长 a=10～40m 的若干方格(一般在 1:500 的地形图上),与测量的纵横坐标相对应,在各方格角点规定的位置上标注角点的原地坪标高(H)和设计标高(H_n),如图1-4所示。

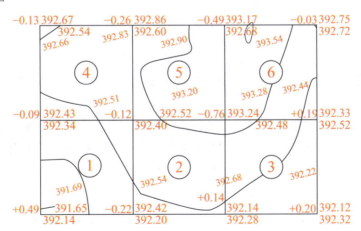

图例:$\dfrac{施工高度}{原地坪标高}$ 设计标高

图1-4 方格网法计算土方工程量(方格 40m×40m)

其中,原地形标高用插入法求得。方法是:

设 H_x 为欲求角点的原地面高程,如图1-5所示,过此点作相邻两等高线间最小距离 L。则

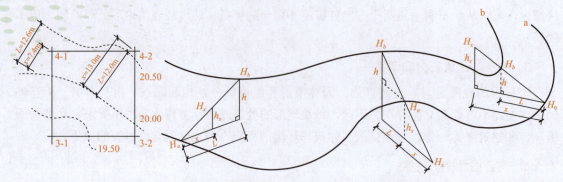

图1-5 插入法求任意点高程图示（单位：m）

$$H_x = H_a \pm \frac{xh}{L}$$

式中 H_a——低边等高线的高程（m）；

x——角点至低边等高线的距离（m）；

h——等高差（m）。

2. 计算零点位置

零点是指不挖不填的点，零点的连线即为零点线，它是填方与挖方的界定线，因此零点线是进行土方计算和土方施工的重要依据之一。要识别是否有零点存在，方格的零点求出并标于方格网上，再将零点相连即可分出填挖方区域，该连线即为零点线。

零点可通过下式求得，如图1-6所示。

$$x = \frac{h_1}{h_1 + h_2} a$$

式中 x——零点距 h_1 一端的水平距离（m）；

h_1、h_2——方格相邻二角点的施工标高绝对值（m）；

a——方格边长（m）。

确定零点的办法也可以用图解法，如图1-7所示。方法是用尺在各角点上标出挖填施工高度相应比例，用尺相连，与方格相交点即为零点位置。将相邻的零点连接起来，即为零线。它是确定方格中挖方与填方的分界线。

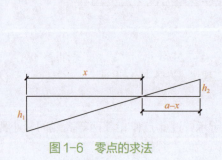

图1-6 零点的求法

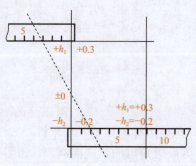

图1-7 零点位置图解法

3. 计算土方工程量

根据各方格网底面积图形以及相应的体积公式（表 1-1）来逐一求出方格内的挖方量或填方量。

表 1-1 方格网计算土方量公式

序号	挖填情况	平面图示	立体图示	计算公式
1	四点全为填方（或挖方）时			$\pm V = \dfrac{a^2 \sum h}{4}$
2	两点填方、两点挖方时			$+V = \dfrac{a(b+c)\sum h}{8}$ $-V = \dfrac{a(d+e)\sum h}{8}$
3	三点填方（或挖方）、一点挖方（或填方）时			$\pm V = \dfrac{(2a^2 - bc)\sum h}{10}$ $\pm V = \dfrac{(bc)\sum h}{6}$
4	相对两点为填方（或挖方），其余两点为挖方（或填方）时			$\pm V = \dfrac{(bc)\sum h}{6}$ $\pm V = \dfrac{(de)\sum h}{6}$ $\pm V = \dfrac{(2a^2 - bc - de)\sum h}{12}$

注：计算公式中的"+"表示挖方，"-"表示填方。

4. 计算土方总量

将填方区所有方格的土方量（或挖方区所有方格的土方量）累加汇总，即得到该场地填方和挖方的土方总量，最后填入土方量汇总表（表 1-2）。

表 1-2 土方量汇总表

方格编号	挖方 /m³	填方 /m³	备注
1			
2			
…			
总计			

5. 土方的平衡与调配

挖填土方量计算后，在考虑了挖方时因土壤松散而引起填方中填土体积的增加、地下构筑物施工余土和各种填方工程的需土之后，整个工程的填方量和挖方量应当平衡。如果发现挖、填方数量相差较大时，则需研究余土或缺土的处理方法，甚至可能需要修改设计标高。如修改设计标高，则需重新计算土方工程量。

（1）划分土方调配区　在平面图上先划出挖、填方区的分界线，并在挖、填区分别划出若干个调配区，确定调配区的大小和位置。

划分调配区时应注意：一是调配区应考虑填方区拟建设施的种类和位置，以及开工顺序和分期施工顺序；二是调配区的大小应满足土方施工主导机械（如铲运机、挖土机等）的技术要求（如行驶操作尺寸等），调配区的面积最好与施工段的大小相适应，调配区的范围要与土方工程量计算用的方格网协调，通常可由若干个方格组成一个调配区；三是当土方运距较远或场地范围内土方调配不能达到平衡时，可根据附近地区的地形情况，考虑就近借土或弃土，此时任意一个借土区或弃土区都可作为一个独立的调配区。

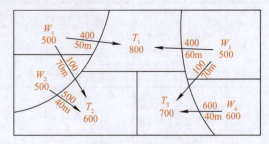

图1-8　土方调配

（2）计算各调配区的土方量并标于图上　图1-8所示是土方调配的一个例子。图上注明了挖填调配区、调配方向、土方数量以及每对挖、填区之间的平均运距。图上共四个挖方区，三个填方区，总挖方和总填方相等。土方的调配，仅考虑场地内的挖填平衡即可解决（这种条件的土方调配可采用线性规划的方法计算确定）。

（3）计算各挖方调配区和各填方调配区之间的平均运距　即各挖方调配区重心至填方调配区重心之间的距离。土方调配区间的平均运距取场地或方格网中的纵横两边为坐标轴，以一个角作为坐标原点，按下式求出各挖方或填方调配区土方重心坐标 x_0 及 y_0，如图1-9所示。

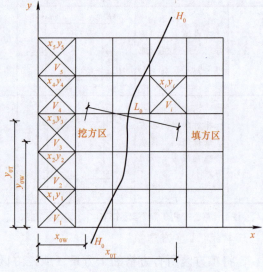

图1-9　土方调配区间的平均运距

$$x_0 = \frac{\sum(x_i V_i)}{\sum V_i}$$

$$y_0 = \frac{\sum(y_i V_i)}{\sum V_i}$$

式中　x_i、y_i——i块方格的重心坐标；
　　　V_i——i块方格的土方量。

填、挖方区之间的平均运距 L_0 为

$$L_0 = \sqrt{(x_{0T} - x_{0W})^2 + (y_{0T} - y_{0W})^2}$$

式中　x_{0T}、y_{0T}——填方区的重心坐标；
　　　x_{0W}、y_{0W}——挖方区的重心坐标。

对于平均运距，也可用在图上标出重心坐标后用比例尺量出的方法求出。一般当填、挖方调配区之间距离较远或运土工具沿工地道路或规定线路运土时，其运距按实际计算。

（4）确定土方最优调配方案　使总土方运输量 W 为最小值，即为最优调配方案。W 的计算公式为

$$W = \sum_{i=1}^{m}\sum_{j=1}^{n} L_{ij} \cdot x_{ij}$$

式中　L_{ij}——各调配区之间的平均运距（m）；

x_{ij}——各调配区的土方量（m³）。

（5）绘出土方调配图，根据上述计算结果，标出调配方向、土方数量及运距　根据以上计算，标出调配方向、土方数量及运距（平均运距再加施工机械前进、倒退和转弯必需的最短长度）。

课中学习

一、方格网法计算土方工程量

工作流程

操作步骤

在某公园地形上作方格网，用视频 1-2 所示方格网法计算土方工程量。按正南北方向作边长为 20m 的方格制网，将各方格角点测设到地面上，同时测量角点的地面标高并将标高标志在图纸上，这就是该点的原地形标高，如图 1-10 所示。

1. 作方格网

设 H_x 为欲求角点的原地形高程，过此点作相邻等高线间最小距离 L。则

$$H_x = H_a \pm \frac{xh}{L}$$

式中　H_a——位于低边等高线的高程；

x——角点至低边等高线的距离；

h——等高差。

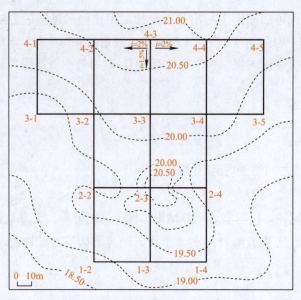

图1-10 某公园地形上作方格网

1）待求点标高 H_x 在低边等高线下方：

$$H_x = H_a - \frac{xh}{L}$$

2）待求点标高 H_x 在低边等高线上方：

$$H_x = H_a + \frac{xh}{L}$$

如图1-11所示，过点4-1作相邻二等高线之间的距离最短线。得 L=12.6m，x=7.4m，等高线高差 h=0.5m。

$$H_{4-1} = 20.00 + \frac{7.4 \times 0.5}{12.6} = 20.29\,(m)$$

$$H_{4-2} = 20.00 + \frac{13 \times 0.5}{12} = 20.54\,(m)$$

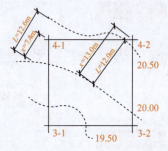

图1-11 求角点3-1原地形标高图示

同理得：H_{4-3}=20.89m，H_{4-4}=21.00m，H_{4-5}=20.23m，H_{3-1}=19.37m，H_{3-2}=19.91m，H_{3-3}=20.21m，H_{3-4}=20.15m，H_{3-5}=19.65m，H_{2-2}=19.50m，H_{2-3}=20.50m，H_{2-4}=19.39m，H_{1-2}=18.90m，H_{1-3}=19.35m，H_{1-4}=19.32m。

2. 求平整标高

设平整标高为 H_0，则

$$V = H_0 N a^2$$

$$H_0 = \frac{V}{Na^2}$$

式中　N——方格数；
　　　a——方格边长。

$$V'=V_1'+V_2'+V_3'+\cdots+V_8'$$
$$V_1'=(a^2/4)(H_{3-1}+H_{3-2}+H_{4-1}+H_{4-2})$$
$$\cdots$$
$$V_8'=(a^2/4)(H_{2-3}+H_{2-4}+H_{1-3}+H_{1-4})$$

因为 $V=V'$

简化为 $H_0=(1/4N)(\Sigma h_1+2\Sigma h_2+3\Sigma h_3+4\Sigma h_4)$

式中　h_1——计算时使用一次的角点高程（m）；
　　　h_2——计算时使用二次的角点高程（m）；
　　　h_3——计算时使用三次的角点高程（m）；
　　　h_4——计算时使用四次的角点高程（m）。

根据题意：

$\Sigma h_1=H_{4-1}+H_{3-1}+H_{1-2}+H_{1-4}+H_{3-5}+H_{4-5}$
　　$=20.29+19.37+18.90+19.32+19.65+20.23$
　　$=117.76$（m）

$2\Sigma h_2=2\times(20.54+19.50+19.35+19.39+20.89+21.00)$
　　$=241.34$（m）

$3\Sigma h_3=3\times(19.91+20.15)$
　　$=120.18$（m）

$4\Sigma h_4=4\times(20.21+20.50)$
　　$=162.84$（m）

$\therefore H_0=(117.76+241.34+120.18+162.84)/32$
　　≈ 20.07（m）

3. 确定 H_0 的位置，求各点的设计标高

应用数学分析法按图 1-12 所给条件画成立体图。

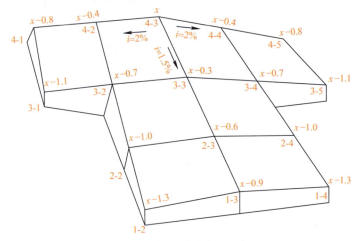

图 1-12　数学分析法求 H_0 的位置图示

图中 4-3 点最高，设其设计标高为 x，则依据给定的坡向、坡度和方格边长，可以求出各点的设计标高。

例 点4-2在点4-3的下坡，平距为L=20m，设计坡度i=2%，则点4-2和4-3间的高差为 $h=iL=0.02\times20=0.4$（m）

所以，点4-2的假定设计标高为$x-0.4$m，而在纵向方向的点3-3，其设计坡度为1.5%，所以该点较4-3点低0.3m，其假定设计标高则为$x-0.3$m，依此类推便可将角点假定设计标高求出。

$$\Sigma h_1=x-0.8+x-0.8+x-1.1+x-1.1+x-1.3+x-1.3=(6x-6.4)\text{m}$$

$$2\Sigma h_2=2(x-0.4+x-0.4+x-1.0+x-1.0+x-0.9+x)$$
$$=(12x-7.4)\text{m}$$

$$3\Sigma h_3=3(x-0.7+x-0.7)$$
$$=(6x-4.2)\text{m}$$

$$4\Sigma h_4=4(x-0.3+x-0.6)$$
$$=(8x-3.6)\text{m}$$

$$\because H_0=1/32(6x-6.4+12x-7.4+6x-4.2+8x-3.6)$$
$$=(x-0.675)\text{m}$$

$$H_0=H_0'=20.07\text{（m）}$$

$$\therefore 20.07=x-0.675$$

$$x\approx20.75\text{m}$$

所以各点的设计标高为H_{4-1}=19.95（m），H_{4-2}=20.35（m），H_{4-3}=20.75（m），H_{4-4}=20.35（m），H_{4-5}=19.95（m），H_{3-1}=19.65（m），H_{3-2}=20.05（m），H_{3-3}=20.45（m），H_{3-4}=20.05（m），H_{3-5}=19.65（m），H_{2-2}=19.75（m），H_{2-3}=20.15（m），H_{2-4}=19.75（m），H_{1-2}=19.45（m），H_{1-3}=19.85（m），H_{1-4}=19.45（m），如图1-13所示。

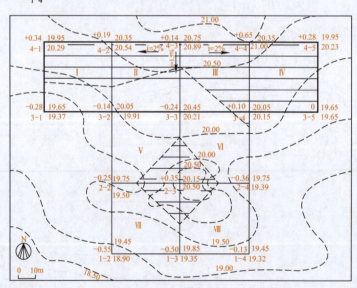

图1-13 某公园广场挖填方区划

4. 求施工标高

施工标高 = 原地形标高 − 设计标高，得数"+"号为挖方，"−"号为填方。

所以各点的施工标高见图 1-13。

5. 求零点线

所谓零点是指不挖不填的点，零点的连线就是零点线，它是挖方和填方区的分界线，因而零点线成为土方计算的重要依据之一。

在相邻二角点之间，如若施工标高值一个为"+"数，一个为"−"数，则它们之间必有零点存在，其位置可用下式求得：

因为 $x/h_1=(a-x)/h_2$

所以 $x=h_1 a/(h_1+h_2)$

式中　x——零点距 h_1 一端的水平距离（m）；

　　　h_1、h_2——方格相邻二角点的施工标高绝对值（m）。

以方格Ⅰ的点 4-1 和 3-1 为例，求其零点。4-1 施工标高为 +0.34m，3-1 点的施工标高为 −0.28m，取绝对值代入公式：

因为 $h_1=0.34$，$h_2=0.28$，$a=20$

$x_1=0.34×20/(0.34+0.28)=10.97$（m）

所以零点位于点 4-1 南侧距点 4-1 的 10.97m 处（或距点 3-1 的 9.03m 处）。

同理的：

$x_2=0.19×20/(0.19+0.14)≈11.52$（m），所以零点位于点 4-2 南侧、距点 4-2 的 11.52m 处。

$x_3=0.14×20/(0.14+0.24)≈7.36$（m），所以零点位于点 4-3 南侧、距点 4-3 的 7.36m 处。

$x_4=0.24×20/(0.24+0.1)≈14.12$（m），所以零点位于点 3-3 东侧、距点 3-3 的 14.12m 处。

$x_5=0.10×20/(0.10+0.36)≈4.35$（m），所以零点位于点 3-4 南侧、距点 3-4 的 4.35m 处。

$x_6=0.24×20/(0.24+0.35)≈8.14$（m），所以零点位于点 3-3 南侧、距点 3-3 的 8.14m 处。

$x_7=0.25×20/(0.25+0.35)≈8.33$（m），所以零点位于点 2-2 东侧、距点 2-2 的 8.33m 处。

$x_8=0.35×20/(0.35+0.36)≈9.86$（m），所以零点位于点 2-3 东侧、距点 2-3 的 9.86m 处。

$x_9=0.35×20/(0.35+0.50)≈8.24$（m），所以零点位于点 2-3 南侧、距点 2-3 的 8.24m 处。

6. 土方计算

在例题中，方格Ⅰ中二点为挖方，二点为填方：

因为 $±V=a(b+c)Σh/8$，$a=20$m，$b=10.97$m，$c=11.52$m，$Σh=0.34+0.19=0.53$（m）

所以 $+V=20×(10.97+11.52)×0.53/8≈29.80$（m³）

$-V=20×(9.03+8.48)×0.42/8≈18.39$（m³）

方格Ⅱ：

$+V=20×(11.52+7.36)×0.33/8≈15.58$（m³）

$-V=20×(8.48+12.64)×0.38/8≈20.06$（m³）

方格Ⅲ，三点挖方，一点填方：

$±V=(2a^2-bc)Σh/10$，$±V=bcΣh/6$

$+V=(2×20×20-12.64×14.12)×(0.14+0.65+0.10)/10≈55.32$（m³）

$-V=(12.64×14.12)×0.24/6≈7.14$（m³）

方格Ⅳ：

$+V = a^2 \times \Sigma h/4 = 20 \times 20 \times (0.65+0.10+0.28+0)/4 \approx 103.00$（m³）

方格Ⅴ：

$-V = (2a^2-bc)\Sigma h/10 = (2\times 400-11.67\times 11.86)\times(0.14+0.24+0.25)/10 = 41.68$（m³）

$+V = bc\times \Sigma h/6 = (11.67\times 11.86)\times 0.35/6 \approx 8.07$（m³）

方格Ⅵ相对两点为挖方，其余为填方时：

$+V = bc\Sigma h/6 = 5.88\times 4.35\times 0.10/6 \approx 0.43$（m³）

$+V = 11.86\times 9.86\times 0.35/6 \approx 6.82$（m³）

$-V = (2a^2-bc-de)\Sigma h/12 = (2\times 400-5.88\times 4.35-11.86\times 9.86)\times 0.6/12 \approx 32.87$（m³）

方格Ⅶ：

$-V = (2\times 400-8.24\times 11.67)\times(0.25+0.55+0.50)/10 \approx 91.50$（m³）

$+V = (11.67\times 8.24)\times 0.35/6 \approx 5.61$（m³）

方格Ⅷ：

$-V = (2\times 400-8.24\times 9.86)(0.50+0.13+0.36)/10 \approx 71.16$（m³）

$+V = (8.24\times 9.86)\times 0.35/6 \approx 4.74$（m³）

7. 绘制土方平衡表及土方调配表

土方平衡表和土方调配图是土方施工中必不可少的图纸资料，是编制施工组织设计的重要依据。从土方平衡表（表1-3）上我们可以看清各调配区的进出土量、调拨关系和土方平衡情况。在调配表（表1-4）上则能更清楚地看到各区的土方盈缺情况、土方的调拨方向、数量以及距离。再根据表1-4绘制出土方调配图，如图1-14所示。

表1-3　土方量平衡表

方格编号	挖方/m³	填方/m³	备注
Ⅰ	29.80	18.39	
Ⅱ	15.58	20.06	
Ⅲ	55.32	7.14	
Ⅳ	103.00	0.00	
Ⅴ	8.07	41.68	
Ⅵ	7.25	32.87	
Ⅶ	5.61	91.50	
Ⅷ	4.74	71.16	
合计	229.37	282.80	缺土53.43m³

表1-4　土方调配表

挖方及进土		填方及弃土	填方区体积/m³	Ⅰ	Ⅱ	Ⅲ	Ⅳ	弃土	总计
挖方区	体积/m³			80.13	40.01	91.50	71.16		282.80
A	45.38			32.98		12.40			
B	158.32			47.15	40.01		71.16		
C	25.67					25.67			
进土	53.43					53.54			
总计	282.80								

14

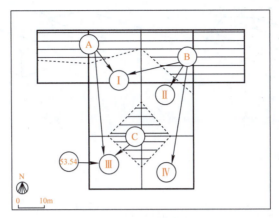

图1-14 某公园广场土方调配图

二、断面法计算土方工程量

断面法是以一组等距（或不等距）的相互平行的截面将拟计算的地块、地形单体（如山、溪涧、池、岛、堤、沟渠、路槽等）分截为"段"，分别计算这些"段"的体积。再将各段体积累加，以求得该计算对象的总土方量。

断面法根据其截取断面的方向不同可分为垂直断面法和水平断面法（等高面法）两种，如视频1-3所示。

视频1-3
断面法计算
土方工程量

1. 垂直断面法

设每段均为棱台，则每段的体积 V 计算公式如下：

$$V = \frac{S_1 + S_2}{2} L$$

式中　S_1——棱台的上底面积；
　　　S_2——棱台的下底面积；
　　　L——棱台的高（两相邻断面间的距离）。

此法适用于带状地形单体或土方工程（如带状山体、水体、沟、堤、路槽等）土方量计算，如图1-15所示。

计算中，如 S_1 和 S_2 的面积相差较大或两相临断面之间的距离大于50m时，用算术平均值法计算的结果误差较大，此时可在 S_1 和 S_2 间插入中间断面，然后改用拟棱台公式计算：

$$V = \frac{L}{6} \times (S_1 + S_2 + 4S_0)$$

式中　S_0——所插入的中间断面面积。

S_0 的求法有两种，如图1-16所示。

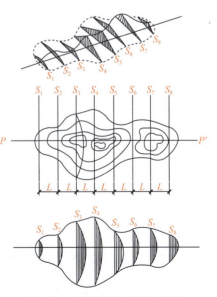

图1-15 带状山体垂直断面取法

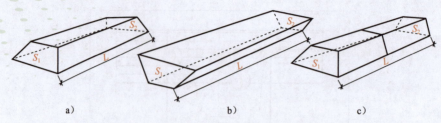

图 1-16 中间断面面积的求法

其一，求棱台中间的断面面积公式：

$$S_0 = \frac{1}{4}(S_1 + S_2 + 2\sqrt{S_1 S_2})$$

其二，用 S_1 和 S_2 各相应边的算术平均值求 S_0

例 设有一土堤，计算段两端断面呈梯形，各边数值如图 1-17 所示。两断面之间的距离为 60m，试比较用算术平均法和拟棱台公式计算所得的结果。

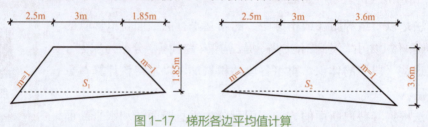

图 1-17 梯形各边平均值计算

先求 S_1、S_2：

$$S_1 = \frac{1.85 \times (3 + 6.7) + (2.5 - 1.85) \times 6.7}{2} \text{m}^2 = 11.15 \text{m}^2$$

$$S_2 = \frac{2.5 \times (3 + 8) + (3.6 - 2.5) \times 8}{2} \text{m}^2 = 18.15 \text{m}^2$$

其一，用算术平均值法求土方量

$$V = \frac{S_1 + S_2}{2} L$$

$$V = \frac{11.15 + 18.15}{2} \times 60 \text{m}^3 = 879 \text{m}^3$$

其二，用拟棱台公式求土方量

（1）用该棱台中间断面面积公式求 S_0

$$S_0 = \frac{1}{4} \times (11.15 + 18.15 + 2\sqrt{11.15 \times 18.15}) \text{m}^2 = 14.44 \text{m}^2$$

$$V = \frac{60}{6} \times (11.15 + 18.15 + 4 \times 14.465) \text{m}^3 = 871.6 \text{m}^3$$

（2）用 S_1 及 S_2 各对应边的算术平均值求得 S_0

$$S_0 = \frac{2.175 \times (3 + 7.35) + (3.05 - 2.18) \times 7.35}{2} \text{m}^2 = 14.45 \text{m}^2$$

$$V = \frac{(11.15 + 18.15 + 4 \times 14.45)}{6} \times 60 \text{m}^3 = 871 \text{m}^3$$

由上述计算可知，两种计算 S_0 的方式，其所得结果相差无几，而两者与算术平均值法所得结果相比较，则相差较多。

垂直断面法也可以用于平整场地的土方量计算，如某公园有一地块，地面高低不平，拟整理成一块 10% 坡度的场地，用垂直断面法求挖填土方量的计算图示，如图 1-18 所示。

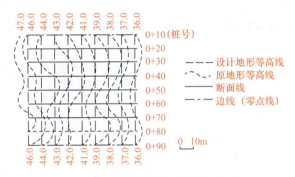

图 1-18 垂直断面法求场地土方量

由此可见，用垂直断面法求土方体积，比较烦琐的工作是断面面积的计算。断面面积的计算方法多种多样，对形状不规则的断面既可用求积仪求其面积，也可用"方格纸法""平行线法"或"割补法"等方法进行计算。

2. 水平断面法

水平断面法（等高线法）是沿等高线取断面，等高距即为两相邻断面的垂直距离，如图 1-19 所示。

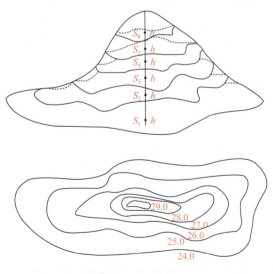

图 1-19 水平断面法

计算公式如下：

$$V = \frac{S_1+S_2}{2}h + \frac{S_2+S_3}{2}h + \cdots + \frac{S_{n-1}+S_n}{2}h + \frac{S_n h}{3}$$
$$= \left(\frac{S_1+S_n}{2} + S_2 + \cdots + S_{n-1}\right)h + \frac{S_n h}{3}$$

式中　V——土方体积（m³）；

　　　S——断面面积（m²）；

　　　h——等高距（m）。

最后，将计算结果填入下表之中，即成工程土方汇总表（表1-5）。

表1-5　土方汇总表

截面	填方面积/m²	挖方面积/m²	截面间距/m	填方体积/m³	挖方体积/m³
合计					

水平断面法最适于大面积的自然山水地形的土方计算。由于园林设计图纸上的原地形和设计地形均用等高线表示，因而此法在园林工程中是很好的土方量计算方法。

【课堂问题导向工作任务】

1. 图1-20所示为学校竖向及土方平整图，运用方格网法分别计算区块13-15、46-48、79-81的土方工程量。

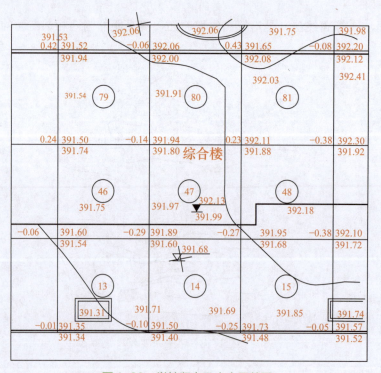

图1-20　学校竖向及土方平整图

2．在使用水平断面法计算土方量中如何计算各等高线闭合面积？

任务二　土方施工

课前自学

一、地形放样前应收集的相关资料

根据地形特点和建园要求，综合考虑园中景物的安排，在地形处理前了解如下主要资料：

1. **基地地形及周边社会环境资料**

基地地形图是最基本的地形资料，在此基础上结合实地调查可进一步掌握现有地形的起伏与分布，整个基地的坡级分布和地形的自然排水类型。一般由甲方提供1∶500的地形图，如无地形图，则需要在现状调查了解的基础上分析设计施工图纸。

基地范围及环境因子对地形工程影响比较大的是交通和用地、地理环境、环境发展规划等。因此摸清楚原地形与四周环境之间的相互关系，为地形改造做好准备。

2. **水文、地质、气象资料**

水文资料主要包括现有水面的位置、范围、平均水深；常水位、最低和最高水位、洪涝水面的范围和水位；现有水面与基地外水系的关系，包括流向与落差，各种水工设施的使用情况；地表径流位置、方向、强度等。地质主要了解土壤的类型、结构；土壤的pH值、有机物的含量；土壤的含水量、透水性；土壤的受侵蚀状况。气象因子比较多的是考虑日照中的全荫区、半荫区、半阳区、全日照区，以及气候带类型和小气候的影响。

3. **原有建筑物、道路及植物种植资料**

充分尊重原有地形，其中需要保护的原建筑物、道路、广场及植被必须予以充分保护，不得加以利用和改造地形。对于原地形中不利于视觉质量的建筑物和构筑物尽量通过艺术化的处理或遮隐来体现原有景观。现状植被的种类、数量、分布和可利用程度都要充分调查，通过地形营造达到一定的景观效果。

4. **管线资料**

管线有地上和地下两部分，包括电线、电缆线、通信线、给水管、排水管、煤气管等各种管线。有些管线是供园内所用的，有些是过境的，因此，要区别园中这些管线的种类，了解它们的位置、走向、长度，每种管线的管径和埋深以及一些技术参数。如地下工程管线及地下构筑物与植物之间的关系见表1-6。

表1-6 绿化植物与管线、地下构筑物的最小间距

管线名称	最小间距/m	
	新植乔木（至中心）	灌木（至中心）
给水管	1.5	不限
污水管、雨水管	1.5	不限
煤气管（低中压）	1.2	1.2
电力电缆、电信电缆、电线管道	1.5	0.5
热力管（沟）	2.0	2.0
地上杆柱（中心）	2.0	不限
消防龙头	1.2	1.2

二、土方施工机具

1. 人力施工

施工工具主要是锹、铺、钢钎等，人力施工不但要组织好劳动力而且要注重安全和保证工程质量。

1）施工者要有足够的工作面，一般平均每人应有 4～6m²。

2）开挖土方四周不得有重物及易坍落物。

3）在挖土过程中，随时注重观察土质情况，要有合理的边坡，必垂直下挖者，松软土不得超过 0.7m，中等密度土不超过 1.25m，坚硬土不超过 2m。

4）挖方工人不得在土壁下向里挖土，以防坍塌。

5）在坡上或坡顶施工者，要注重坡下情况，不得向坡下滚落重物。

6）施工过程中注重保护基桩、龙门板或标高桩。

2. 机械施工

推土机、挖土机等主要施工机械在园林施工中应用较广泛，例如在挖掘水体时，以推土机推挖，将土推至水体四面，再行运走或堆置地形。

（1）挖方机具

1）推土机是土石方工程施工中的主要机械之一，它由拖拉机与推土工作装置两部分组成。其行走方式有履带式和轮胎式两种，传动系统主要采用机械传动和液力机械传动，工作装置的操纵方法分液压操纵与机械传动，推土机施工如图 1-21 所示。

图 1-21 推土机施工现场

视频 1-4
挖掘机挖掘示意

2）反铲挖掘机是最常见的，向后向下、强制切土的，正铲挖掘机的铲子是向前向上强制切土的，这种适合地面以上的部分使用，如视频 1-4 所示。

（2）压实机具

1）平碾压路机又称光碾压路机，按装置形式的不同又分单轮压路

机、双轮压路机及三轮压路机等几种；按作用于土层荷载的不同，分静作用压路机和振动压路机两种。

2）羊足碾压路机具有压实质量好，操作工作面小，调动机动灵活等优点，但需用拖拉机牵引作业。一般羊足碾适用于压实中等深度的粉质黏土、粉土、黄土等。因羊足会使表面土壤翻松，对于砂、干硬土块及硬石等压实效果不佳，如视频1-5所示。

视频1-5
羊足碾压路机示意

3）小型打夯机有冲击式和振动式之分，由于体积小，重量轻，构造简单，机动灵活，实用，操纵、维修方便，夯击能量大，夯实工效较高，在建筑工程上使用很广，但劳动强度较大，常用的有蛙式打夯机、内燃打夯机等。小型打夯机适用于黏性较低的土（砂土、粉土、粉质黏土）基坑（槽）、管沟及各种零星分散、边角部位的填方的夯实，以及配合压路机对边缘或边角碾压不到之处的夯实。

4）平板式振动器为现场常备机具，体形小，轻便、实用，操作简单，但振实深度有限，适于小面积黏性土薄层回填土振实、较大面积砂土的回填振实以及薄层砂卵石、碎石垫层的振实。

课中学习

一、土方放样

在园林工程建设过程中，土方地形放样工程是一个较大的基础工程，其质量会对园林内的后续工程产生非常重要的影响。因此，土方地形放样工程施工和整个园林绿化工程施工进度有着十分密切的关系。为了土方地形工程能够保质地完成，需要将土方地形放样工程的统筹安排工作做好。除此之外，园林工程的土方施工还需要达到美观的效果，使园林中的地形线形优美雅致，从而提高园林的整体美观性，增加园林的空间层次感。

工作流程

施工网格定位图纸分析 → 施工竖向设计及现场分析 → 施工放样 → 施工放样复核

操作步骤

1. 施工网格定位图纸分析

网格定位图是施工图的重要组成部分，主要是通过垂直、平行线组成的十字网格，来确定平面图形的方位，尤其适用于景观中的曲线等不规则部分。方格网的大小主要根据地形的复杂程度和施工方法而定。地形起伏较大时宜用小方格，如较大场地机械施工时可以用大些的方格。

以某庭院为例分析，如图1-22所示。由于面积较小，所以方格网设置1m×1m大小以便放样精准。将网格定位图场地中建筑物墙体东南角交叉点作为定位基准点，基准点为（0，0），向左向右则为−1m，+1m等，网格线之间的间距为固定的值，以此作为现场施工放线的依据，当测设精度要求不是很高时，可以用此法。

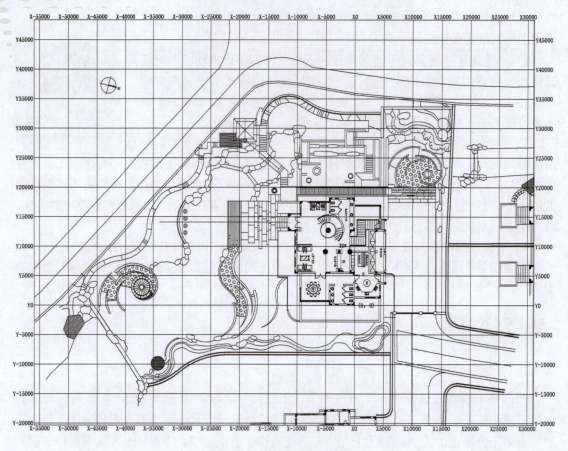

图 1-22　某庭院网格定位图

2. 施工竖向设计及现场分析

通过施工竖向设计图了解到标明园路竖向标高和园林小品的标高；标明地形设计标高一般用等高线表示，各等高线高差应相同，庭院中相对高差应不大；标明庭院内设计湖池的最高水位、常水位、最低水位（枯水位）及水底的标高，反映出驳岸和池底高程变化。庭院中的水系还肩负上游湖泄洪的作用，因此在施工中需要强调，除了拦水坝以外还需要考虑水流量较大季节的排水功能。

改造前的景观需要进行大面积改造，因此需要将原有地形地貌中的地物推倒后重建，场地清理后地形高程仍然较大，给施工放样带来一定难度。尽管庭院的地形高程相差较大，实地定位还是可以用一定高度的竹竿或木桩作为辅助测量工具保证测量位置的精确。

3. 施工放样

土方放样主要是按照图纸的标注内容，在现场通过分析高低点、高差值、坡度等确定土坡的坡型、位置等，以利于进一步施工，包括平整地的放线和自然地形的放线。平整场地的放线，即是施工范围的确定。地形的放线是园林环境中一个重要的因素，是整个景观环境的骨架，它直接影响着外部空间的美学特征、空间感、视野、小气候等，是其他要素的基底和依托。在园林中，常常通过地形的变化起伏来突出植物景观的变化。

（1）平整场地的放线 在清场之后，为了确定施工范围及挖土或填土的标高，按设计图纸的要求，用测量仪器在施工现场进行定点放线工作，这一步工作很重要，为使施工充分表达设计意图，测设时应尽量精确。

用经纬仪将图纸上的方格测设到地面上，经纬仪定位时可以对应建筑物的墙体交叉点延长线（如1m），以测设出90°角方向，在其方向上丈量出庭院主要园林建筑及小品的坐标。并在每个交点处立桩木，边界上的桩木依图纸要求设置。桩木侧面须平滑，下端削尖，以便打入土中，桩上应表示出桩号（施工图上方格网的编号）和施工标高（挖土用"+"号，填土用"-"号）。方格网用石灰粉作为标记，如遇雨天冲刷需要根据桩木重新标记。

（2）自然地形的放线 分析施工图中方格网图，再把方格网放到地面上，而后把设计地形等高线和方格网的交点一一标到地面上并打桩，桩木上也要标明桩号及施工标高。堆山时由于土层不断升高，桩木可能被土埋没，所以桩的长度应大于每层填土的高度，土山不高于5m的，可用长竹竿作标高桩，在桩上把每层的标高定好，不同层可用不同颜色标志，以便识别，这样可省点桩木。

挖湖工程的放线工作和堆地形的放线基本相同，但由于水体挖深一般较一致，而且池底常年隐没在水下，放线可以粗放些，但水体底部应尽可能整平，不留土墩。岸线和岸坡的定点放线应该准确，为了精确施工，可以用边坡样板来控制边坡坡度。根据设计图湖池边缘的石矶驳岸主要采用了卵石、块石等，驳岸线自然变化需要根据方格网打桩精确定位平面位置，并用石灰粉进行初步轮廓的放样。施工中，各个桩点不要破坏，可将土台留出，等湖池开挖接近完成时，再将土台挖掉。

湖池边缘的放样中开挖沟槽时，用打桩放线的方法，在施工中桩木轻易被移动甚至被破坏，将会影响校核工作。所以应使用龙门板。龙门板构造简单，使用也方便。每隔30~100m设龙门板一块，其间距视沟渠纵坡的变化情况而定。板上应标明沟渠中心线位置，沟上口、沟底的宽度等。板上还要设坡度板，用坡度板来控制沟渠纵坡。根据设计高程和测设标高，计算出挖土深度，以及地形堆筑高度，并定期用水准仪或全站仪对土方标高进行复测，以达到设计高程。

> **注意问题**
>
> 1）需要全面了解设计图纸中的竖向设计和网格定位图，现场矛盾的地方需要及时与设计师进行沟通并调整。
> 2）测量时需要仔细调节仪器，避免放样误差较大给后期施工带来麻烦。
> 3）现场放样被施工所破坏需要测量员及时定位修复。

4. 施工放样复核

本着实事求是、精益求精的工作态度，对业主和企业高度负责的敬业精神，放样完毕后测量资料必须换手复核，做到高效、规范、准确地满足施工需要。并经主测人员签认后方可交付施工，未经复核和签字不全的资料不能作为测量成果使用。对于使用的桩位、水准点，必须按测量规范要求进行换手复测，防止出现测量事故。

测量部门的测量记录必须采用标准格式的记录本及表格，见表1-7。保证测量资料原始记录、内业资料的齐全、真实、规范。

表1-7 施工放样复核记录

复核日期： 年 月 日

工程名称		分部（分项）工程名称	
施工单位名称		工程部位	
质量标准与偏差限度			

放样记录示意图		施工部门自检结果	桩号	偏南 mm	偏东 mm
			1		
			2		
			3		
			4		
			5		
复核记录	经复核，偏差见右表，差值均在规定范围内，桩位符合设计图纸要求。				

施工员：_____ 专业测量员：_____ 监理：_____

二、土方施工方法

土方放样完后进入土方施工，土方工程施工主要包括挖土工程施工和回填工程施工，土方工程施工质量的好坏将直接关系到整个工程项目的生命力及持续性，如种植区域土方会影响到植物的生长和排水等，所以，土方工程是一项比较重要的工作。

工作流程

土方的开挖 → 土方的运输 → 土方的填筑 → 土方的压实

操作步骤

根据土方放样的范围进行土方的施工，分为挖、运、填和压四部分。其施工方法可采用人力施工也可用机械化或半机械化施工。这要根据场地条件、工程量和当地施工条件决定。在规模较大，土方较集中的工程中，采用机械化施工较经济；但对工程量不大的庭院，施工点较分散的工程或因受场地限制，不便采用机械施工的地段，应该用人力施工或半机械化施工。

1. 土方的开挖

土方开挖分为准备工作，确定开挖、推土顺序和边坡，分段分层开挖，推土和修边清理等步骤。

（1）施工土方开挖前的准备工作 主要机具包括：

1) 主要大型机械：挖掘机、推土机、装载机、自卸汽车、翻斗车等。

2) 一般工具：铁锹、手推车、平碾、蛙式打夯机、钢尺等。

（2）作业条件 土方开挖及平整前，将施工区域内的地下和地上障碍物、杂物清除和处理完毕，其中原有挡土墙基本不影响新的驳岸设计，因此土方开挖时给予保留。施工机械进入现场所经过的道路和卸车设施等应事先经过检查，必要时进行加固或加宽等准备工作。根据挖方、堆方工程量和场地大小，选用1～6t级的小型挖掘装载机施工，以发挥施工机械的最高效能。需要保留的树木应做防护，如用草绳包扎、设置护栏等。场地的定位控制线桩、标准水平桩及灰线尺寸必须经过检验合格后，才能作为施工控制的基准点。施工区域运行路线的布置，主要根据作业区域工程的大小、机械性能、运距和地形起伏等情况加以确定。由于原有河道改造，需要协调好相关部门对部分河道进行局部围堰。

（3）土方开挖的方法　土方开挖采取以机械开挖为主，人工配合修整边坡基底为辅的办法，如视频1-6所示。

1）开挖之前需要测量员根据图纸要求测量放样，以洒的石灰白线作为标记，在放样范围内进行开挖作业。

2）空间有限的场地，应严格按照施工顺序的要求有序进行，场地开挖时先边后中，池底开挖时应先中间后两侧以便为施工尽早提供工作面。

3）挖掘机一次不能挖到底处采取先挖走表面一层降低机位后再继续向下开挖的办法，如果挖完一层后土层太软无法承受机械时则回填部分表层硬土再让机械就位，挖土应自上而下水平分段分层进行，每层0.3m左右。

4）开挖过程中，严禁挖斗碰撞搅拌桩和土钉头，严禁超挖。并应注意对原有挡土墙基础的保护，避免碰撞导致其损坏或偏位。

5）池塘土方开挖时应及时抽排地表水，防止基坑内积水。边挖边检查坑底宽度及坡度，不够时及时修整，每3m左右修一次坡，至设计标高，再统一进行一次修坡清底，检查坑底宽和标高。

6）在挖掘机工作范围内，不许进行其他作业。挖土应由上而下，逐层进行，严禁先挖坡脚或逆坡挖土。

（4）开挖土方注意的问题

1）推土前应识图或了解施工对象的情况，在动工之前应向推土机手介绍施工地段的地形情况及设计地形的特点，最好结合模型或图纸，使之一目了然。

2）施工前还要了解实地定点放线情况，如桩位、施工标高等。这样施工起来司机能得心应手地按照设计意图去塑造地形。

3）桩点和施工放线要明显，推土机施工进进退退，其活动范围较大，施工地面高低不平，加上进车或退车时司机视线存在某些死角，所以桩木和施工放线很容易受破坏。

4）开挖时测量人员应到现场，随时随地用测量仪器检查桩点和放线情况，把握全局，以保证开挖的准确性。

2. 土方的运输

场地中的池塘基坑开挖是在原有的溪流场地上进行，相对来说开挖工程量较小，抓铲立于一侧抓土装载；对较宽的基坑，则在两侧或四侧抓土装载。抓铲应离池塘基坑边一定距离，土方可直接装自卸汽车运走，或堆弃在基坑旁或用推土机推到远处堆放。挖淤泥时，抓斗易被淤泥吸住，应避免用力过猛，以防翻车。抓铲施工，一般均需加配重。

土方运输是较艰巨的劳动，人工运土一般都是短途的小搬运。车运人挑，在施工中还经常采用，场地外运输使用机械或半机械化运输。不论是车运人挑，运输路线的组织很重要，卸土地点要明确，施工人员随时指点，避免混乱和窝工。假如使用外来土垫地堆山，运土车辆应设专人指挥，卸土的位置要准确，否则乱堆乱卸，必然会给下一步施工增加许多不必要

视频1-7 土方搬运

视频1-8 土方施工

的小搬运,从而浪费了人力物力,如视频1-7所示。

3. 土方的填筑

填土应该满足工程的质量要求,土壤的质量要根据填方的用途和要求加以选择,在绿化地段土壤应满足种植植物的要求,而作为建筑用地则以将来地基的稳定为原则。利用外来土垫地堆山,对土质应该检定放行,劣土及受污染的土壤不应放入园内以免将来影响植物的生长和损害游人健康,如视频1-8所示。

（1）操作流程

基底地坪的清整──→检验土质──→分层铺土──→修整验收。

（2）填土时注意问题

1）填土前,应将基土上的洞穴或基底表面上的树根、垃圾等杂物都处理完毕,清除干净。

2）检验土质。检验回填土料的种类、粒径,有无杂物,是否符合规定,以及土料的含水量是否在控制的范围内。如含水量偏高,可采用翻松、晾晒或均匀掺入干土等措施,如遇回填土的含水量偏低,可采用预先洒水润湿等措施。

3）填方全部完成后,表面应进行拉线找平,凡超过标准高程的地方,及时依线铲平,凡低于标准高程的地方,应补土夯实。

4）回填土下沉问题。因虚铺土超过规定厚度,或夯实不够遍数,甚至漏夯；基底有机物或树根、落土等杂物清理不彻底等原因,造成回填土下沉,为此,应在施工中认真执行规范的有关规定,并要严格检查,发现问题及时纠正。

5）回填土夯压不密实问题。应在夯压时对干土适当洒水加以润湿；如回填土太湿同样夯不密实呈"橡皮土"现象,这时应将橡皮土挖出,重新换好土夯实处理。

6）当工程土方复杂且对填方密实度要求较高时,应采取措施（如排水暗沟、护坡桩等）,以防填方土粒流失,造成不均匀下沉和坍塌等事故。填方基土为渣土时,应按设计要求加固地基,并要妥善处理基底下的软硬点、孔洞、旧基以及暗塘等。

7）回填管沟时,为防止管道中心位移或损坏管道,应用人工先在管子周围填土夯实,并应从管道两边同时进行,直至管顶0.5m以上,在不损坏管道的情况下,方可采用机械回填和夯实。在抹带接口处,防腐绝缘层或电缆周围,应使用细粒土料回填。

（3）填土方法

1）人工填土方法。

①用手推车送土,以人工用铁锹、耙、锄等工具进行回填土。

②从场地最低部分开始,由一端向另一端自下而上分层铺填。每层虚铺厚度,用人工木夯夯实时砂质土不大于30cm,黏性土为20cm左右；用打夯机械夯实时不大于30cm。

③深浅坑相连时,应先填深坑,填平后与浅坑全面分层填夯。如采取分段填筑,交接处应填成阶梯形。墙基及管道回填应在两侧用细土同时均匀回填、夯实,防止墙基及管道中心线位移。

④人工夯填土,用60～80kg的木夯或铁、石夯,由3～8人拉绳,2人扶夯,举高不小于0.5m,一夯压半夯,按次序进行。

⑤较大面积人工回填用打夯机夯实。两机平行时其间距不得小于3m,在同一夯打路线上,前后间距不得小于10m。

2）机械填土方法中推土机填土应由下而上分层铺填，每层虚铺厚度不宜大于30cm。大坡度堆填土，不得居高临下，不分层次，一次堆填。运土回填，可采取分堆集中，一次运送方法，分段距离约为10～15m，以减少运土漏失量。土方推至填方部位时，应提起一次铲刀，成堆卸土，并向前行驶0.5～1.0m，利用推土机后退时将土刮平。用推土机来回行驶进行碾压，履带应重叠一半。填土程序宜采用纵向铺填顺序，从挖土区段至填土区段，以40～60m距离为宜。

铲运机填土铺土区段，长度不宜小于20m，宽度不宜小于8m。铺土应分层进行，每次铺土厚度为30～50cm（视所用压实机械的要求而定），每层铺土后，利用空车返回时将地表面刮平。填土程序一般尽量采取横向或纵向分层卸土，以利行驶时初步压实。

4. 土方的压实

（1）操作流程

机械碾压密实──→检验密实度──→修整验收。

（2）压实注意问题

1）碾压机械压实填方时，应控制行驶速度，本工程拟采用碾压机械分层碾压，分层厚度不大于60cm，并随碾压随找平。

2）碾压时，轮（夯）迹应相互搭接，防止漏压或漏夯。长宽比较大时，填土应分段进行，每层接缝处应处理成斜坡形，碾迹重叠0.5～1.0m，上下层错缝距离不应小于1m。

3）填方超出基底表面时，应保证边缘部位的压实质量。运土后，如设计不要求边坡修整，宜将填方边缘宽填0.5m，如设计要求边坡修平拍实，宽填可为0.2m。

4）在机械施工碾压不到的填土部位，应配合人工推土填充，用蛙式或内燃打夯机分层夯打密实。

5）回填土方每层压实后，应按规范进行取样检验，测出干土的质量密度、密实度，达到要求后，再进行上一层的铺土。

（3）压实方法

1）人工夯实方法。人力打夯前应将填土初步整平，打夯要按一定方向进行，一夯压半夯，夯夯相接，行行相连，两遍纵横交叉，分层打夯。夯实基槽及地坪时，行夯路线应由四边开始，然后再夯向中间。

用蛙式打夯机等小型机具夯实时，一般填土厚度不宜大于25cm，打夯之前对填土应初步平整，打夯机依次夯打，均匀分布，不留间隙。

基坑（槽）回填应在相对两侧或四周同时进行回填与夯实。

回填管沟时，应用人工先在管子周围填土夯实，并应从管道两边同时进行，直至管顶0.5m以上。在不损坏管道的情况下，方可采用机械填土回填夯实。

2）机械压实方法。为保证填土压实的均匀性及密实度，避免碾轮下陷，提高碾压效率，在碾压机械碾压之前，宜先用轻型推土机、拖拉机推平，低速预压4～5遍，使表面平实；采用振动平碾压实爆破石渣或碎石类土，应先静压，而后振压。

碾压机械压实填方时，应控制行驶速度，一般平碾、振动碾不超过2km/h；羊足碾不超过3km/h；并要控制压实遍数。碾压机械与基础或管道应保持一定的距离，防止将基础或管道压坏或使之发生位移。

用压路机进行填方压实，应采用"薄填、慢驶、多次"的方法，填土厚度不应超过

30cm；碾压方向应从两边逐渐压向中间，碾轮每次重叠宽度为15～25cm，避免漏压。运行中碾轮边距填方边缘应大于500mm，以防发生溜坡倾倒。边角、边坡、边缘压实不到之处，应辅以人力夯或小型夯实机具夯实。压实密实度，除另有规定外，应压至轮子下沉量不超过2cm为度。每碾压一层完后，应用人工或机械（推土机）将表面拉毛以利接合。

平碾碾压一层完后，应用人工或推土机将表面拉毛。土层表面太干时，应洒水湿润后，继续回填，以保证上、下层接合良好。

用羊足碾碾压时，填土厚度不宜大于50cm，碾压方向应从填土区的两侧逐渐压向中心。每次碾压应有15～20cm重叠，同时随时清除黏着于羊足之间的土料。为提高上部土层密实度，羊足碾压过后，宜辅以拖式平碾或压路机补充压平压实。

用铲运机及运土工具进行压实，铲运机及运土工具的移动须均匀分布于填筑层的全表面，逐次卸土碾压。

【课堂问题导向工作任务】

（1）施工放样　选取空旷训练场地，要求将图1-23所示地形分组进行施工放样，小组之间复核并检查放样质量并填入表1-7中。

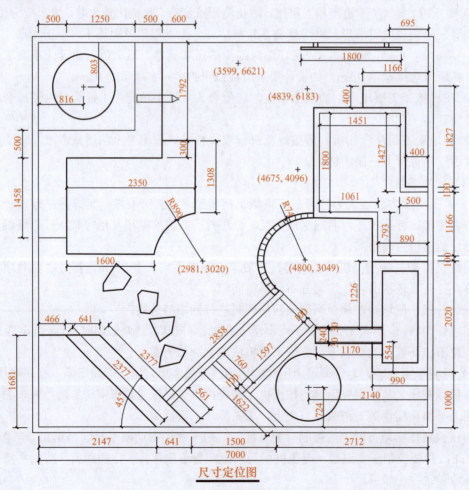

图1-23　某庭院尺寸定位图

要点提示:

1)通过激光仪和皮尺对地形中花坛、景墙、铺地的位置要求能正确定位,并要求误差不得大于 5mm。

2)方格网图中地形与网格交叉处立桩并标出标高。

3)为创造优美舒适的园林绿化空间,必须设计坡、谷等丰富多彩、性质各异的景观地形,构成一个水平流动的空间。避免堆出台阶式、坟堆式地形。

4)大多数道路的等高线为曲线,路面上的等高线也为曲线而不是直线和折线。曲线等高线应按实际营造。

(2)制订方案 根据图 1-23,提交一份土方放样的施工方案并总结。

课后练习

1)根据图 1-24 某庭院平面图案例分析土方工程施工过程中存在的土方平衡问题。

图 1-24 某庭院平面图

2)土方施工常用的机械工具有哪些,挖方机具在实际应用中需要注意哪些环节?

3)土方施工前应做好哪些准备工作?

4)简述土方施工放样的程序。

5)实训报告:要求每个小组完成一份任务总结(见实训项目一)。

项目二 给水排水及照明工程施工

职业能力清单

知识要求
- 掌握园林中给水管的布置；
- 掌握园林中利用地形排水的方法及防止地表径流冲刷地面的措施；
- 了解利用管渠排水、暗渠排水的施工工艺，了解园林管线工程的综合设计；
- 掌握景观灯系统施工中绿地配电线路的布置、灯具安装施工的方法。

技能要求
- 会进行简单施工中线路的布置和调整；
- 会不同管线的敷设要求；
- 会利用地形排水的方法改造地形；
- 掌握防止地表径流冲刷地面的措施；
- 会进行管渠排水、暗渠排水的敷设方法。

素质要求
- 培养学生对水电安装的安全意识；
- 培养学生现场发现问题及解决问题的能力；
- 培养学生团队协调配合完成制定水电安装施工方案的能力。

项目学习引言

万事万物是相互联系的，我们需要不断提高系统思维，从全局性、整体性方面着眼。园林绿地的性质和特定条件决定了园林工程是一个综合体，夜间需要突出景观效果和必要的照明功能，绿地中也需要结合给水排水和喷灌使之更科学合理。因此本项目结合园林照明、给水排水工程任务突出讲述施工技术。

通过庭院的水电安装工程系统介绍了水电安装基本流程，水电安装过程中管线敷设的要点，排水的方式，照明灯具的选择和安装，电路系统调试。水电安装的施工与其他项目相互交叉，要求在施工过程中了解其他项目工程施工工艺，其中管线工程需要结合土方工程提前预埋，灯具、喷头等外露设施需要待其他工程初步建设好后再进行配套安装。因此需要施工员懂得安装流程进行现场协调施工管理。

项目二　给水排水及照明工程施工

任务一　给水排水系统施工

课前自学

一、园林给水工程概述

普通给水管道敷设方式多为埋地。常用的管材有钢管和给水铸铁管两种，其中多采用承插式给水铸铁管。承插式给水铸铁管的接口填料通常为两层：第一层，对于生产给水可采用白麻、油麻、石棉绳、胶圈等，对于生活给水一般采用白麻或胶圈；第二层，采用石棉水泥、自应力水泥砂浆、青铅等，其中多采用石棉水泥。

1. 管道的组成和管子、管路附件的标准化

（1）管道的组成　管道也称为管路，通常是由管子、管路附件和接头配件组成。所谓管路附件，是指附属于管路的部分，如阀门、过滤器、混水器、水压表、流量表等。接头配件包括两部分：一是管件，如三通、四通、弯头、异径管、外接头、活接头等；二是连接件（紧固件），如法兰、螺栓、螺母、垫圈、垫片等。

（2）管子、管路附件和接头配件的标准化　管子和管路附件、接头配件的标准化，就是将管子，附件和接头配件的类型、规格、型号、质量等制订出统一的技术标准，以统一管子、附件和接头配件的设计、制造和供应，并为管道选用、施工、维修带来方便。

我国的技术标准，分为国家标准、行业标准、企业标准和地方标准等。在管道工程中，使用最多的是国家标准和行业标准。技术标准，由类别代号（拼音字母缩写）、顺序号（阿拉伯数字）、颁发年号（阿拉伯数字）组成。例如《低压流体输送用焊接钢管》的标准代号为 GB/T 3091—2015，其中 GB 为类别代号，系国家标准；加"/T"表示推荐性国家标准（否则为强制性国家标准）；3091 为顺序号，是指第 3091 号国家标准；2015 为颁发年号，为 2015 年颁发。另如《喷灌与微灌工程技术管理规程》的标准代号为 SL　236—1999，SL 为类别代号，系水利行业标准；236 为顺序号，是指第 236 号水利行业标准；1999 为颁发年号，为 1999 年颁发。

2. 公称直径、公称压力、试验压力和工作压力

（1）公称直径　管子、接头配件和管路附件的公称直径（也叫公称通径、名义直径），既不是实际的内径，也不是实际的外径，而是称呼直径。其直径数值近似于法兰式阀门和某些管子（如黑铁管、白铁管、上下水铸铁管）的实际内径。例如公称直径 25mm 的白铁管，实测其内径数值为 25.4mm 左右。

公称直径，便于管子与管子、管子与接头配件、管子与管路附件的连接，保持接口的一致。所以，无论管子的实际外径（或实际内径）多大，只要公称直径相同都能相互连接，并且具有互换性。

公称直径以符号"DN"表示，公称直径的数值写于其后，单位mm（单位不写）。例如：DN50，表示公称直径为50mm。

（2）公称压力、试验压力和工作压力　公称压力、试验压力和工作压力均与介质的温度密切相关，都是指在一定温度下制品（或管道系统）的耐压强度，三者的区别在于介质的温度不同。

① 公称压力：管子、接头配件和附件的材质不同，耐压强度不同。而且在不同的温度下相同管子、接头配件和附件的耐压强度也不一样。为了判断和识别制品的耐压强度，必须选定某一温度为基准，该温度称为基准温度。制品在基准温度下的耐压强度称为公称压力。制品的材质不同，其基准温度也不同。一般碳素钢制品的基准温度采用200℃。公称压力以符号"PN"表示，其单位为MPa。例如PN1，表示公称压力为1MPa。

② 试验压力：通常是指制品在常温下的耐压强度。管子、管件和附件等制品，在出厂之前以及管道工程竣工之后，均应进行压力试验，以检查其强度和严密性。

试验压力以符号"Ps"表示。例如Ps1.6表示试验压力为1.6MPa。

③ 工作压力：一般是指给定温度下的操作（工作）压力。

工作压力以符号"Pt"表示，"t"数值为介质最高温度乘以0.1。例如P25 2.3表示在介质最高温度为250℃下的工作压力是2.3MPa。

公称压力、试验压力和工作压力之间的关系为$Ps > PN \geq Pt$。

3. 常见给水排水管及阀门类型及特性

（1）钢管　常用给水排水管材有：

1）焊接钢管。

① 材质与特征：通常是用普通碳素钢中的软钢制造而成。管材特征为纵向有一条缝，其缝隙有的明显，有的则不太明显。

② 分类与规格：按表面是否镀锌可分为镀锌钢管（内外表面镀一层锌）和不镀锌钢管。镀锌钢管也叫白铁管，不镀锌钢管俗称黑铁管；按管端是否带螺纹可分为带螺纹和不带螺纹的两种；按管壁的厚度可分为普通管、加厚管和薄壁管三种。常用钢管直径主要有DN8、DN10、DN15、DN20、DN25、DN32、DN40、DN50、DN65、DN80、DN100、DN125、DN150等。

③ 适用场合：给水工程中使用的多是普通管。其中白铁管的常用直径范围是DN15～DN80，黑铁管的常用直径范围是DN15～DN150。

2）直缝卷制电焊钢管

① 材质与特征也称为卷板钢管。由普通碳素钢在工厂或现场卷制、焊接而成。管材特征为纵、横向均有直的焊缝。

② 适用场合：常用于工作压力≤1.6MPa，工作温度≤200℃的水、气等介质管道。例如水泵房管道（水泵配管）等。

（2）铸铁管

1）给水铸铁管。

① 材质与特征：给水铸铁管通常用灰口铸铁浇注而成，出厂前内外表面涂沥青漆一层

(有的在管内壁搪一层水泥)。

② 分类与规格：按接口形式可分为承插式和法兰式两种；按工作压力可分为高压给水铸铁管（工作压力为1MPa）、中压给水铸铁管（工作压力为0.75MPa）和低压给水铸铁管（工作压力为0.45MPa）。高压给水铸铁管的常用规格有DN75、DN100、DN125、DN150、DN200、DN250、DN300、DN350、DN400、DN450等。

③ 适用场合：高压给水铸铁管通常用于室外给水管道；中、低压给水铸铁管可用于雨水管道。

2）排水铸铁管。

① 材质与特征：通常是用灰口铸铁铸造而成。其管壁较薄，承口较小。出厂之前内外表面不涂刷沥青漆。

② 分类与规格：接口形式只有承插式一种。常用规格有DN50、DN75、DN100、DN125、DN150、DN200等。

③ 适用场合：排水铸铁管主要用于雨水及室内生活污水等重力流动的管道。

(3) 混凝土管　混凝土管也称为素混凝土管。钢筋混凝土管分为轻、重型两种，其中常用轻型。按照接口形式分为平口式和承插口式两种，其中常用平口式。混凝土管的常用规格有DN75、DN100、DN150、DN200、DN250、DN300、DN350、DN400、DN450、DN500等；轻型钢筋混凝土管的常用规格有DN700、DN800、DN900、DN1000、DN1100、DN1200、DN1350、DN1500、DN1650、DN1800等。混凝土和钢筋混凝土排水管主要用于雨水及室外生活污水等排水管道工程。

(4) 陶土管　陶土管分为无釉、单面釉（内表面）和双面釉三种。其接口形式通常为承插式。常用直径为100～600mm，每根管的长度为0.5～0.8m。带釉陶土管内表面光滑，具有良好的抗腐蚀性能，用于排除含酸、碱等工业污、废水。

(5) 塑料管　塑料管质轻、输水性能好、便于施工，已广泛用于喷灌及微灌工程。

1）聚氯乙烯（PVC）管，分为硬质聚氯乙烯管和软质聚氯乙烯管，公称直径为20～200mm。绿地喷灌系统常使用承压能力为0.63MPa、1.00MPa、1.25MPa的三种硬质聚氯乙烯管。

2）聚乙烯（PE）管，管材分为高密度聚乙烯（HDPE）、低密度聚乙烯（LDPE）。前者性能好但价格昂贵，使用较少。后者力学强度较低但抗冲击性好，适合在较复杂的地形敷设，是绿地喷灌系统常使用的管材。微灌系统中管径小于50mm时应选用微灌用聚乙烯管。

3）聚丙烯（PP）管，耐热性能优良。适用于移动或半移动喷灌系统场合，由于太阳的直射，暴露在外的管道需要一定的耐热性。

(6) 常用阀门

在给水排水管道系统中，阀门起着启闭管路、调节流量和水压及安全防护的作用。

阀门的型号由七部分组成：阀门类型、驱动方式、连接形式、结构形式、密封圈或衬里材料、公称压力和阀体材料。

其中阀门的公称压力直接以公称压力数值表示。阀门型号举例：Z944T-1，DN500即：公称直径500mm，电动机驱动，法兰连接，明杆平行式双板闸阀，密封圈材料为铜，公称压力为1MPa，阀体材料为灰铸铁（灰铸铁阀体$PN \leqslant 1.6$MPa时，不写材料代号）。

J11T-1.6，DN32即：公称直径32mm，手轮驱动（省略不写），内螺纹连接，直通式（铸造），铜密封圈，公称压力为1.6MPa，阀体材料为灰铸铁（省略不写）的截止阀。

H11T-1.6K，DN50即：公称直径50mm，自动启闭（省略不写），内螺纹连接，直通式（铸造），铜密封圈，公称压力为1.6MPa，阀体材料为可锻铸铁的止回阀。

每种阀门都应包括：名称、型号、规格三部分，顺序为名称、型号、规格。

其中阀门名称要简明扼要地表明类别和连接形式。手动或自动启闭阀门的名称书写顺序为：先写阀门的连接形式，再写其类别；电动驱动的阀门则是：先写驱动方式，再写类别。例如：内螺纹截止阀，J11T-1.6，DN20；电动闸阀，Z944T-1，DN500。

二、园林排水的基本特点

1）主要是排除雨水和少量生活污水。
2）园林中地形起伏多变有利于地面水的排除。
3）园林中大多有水体，雨水可就近排入园中水体。
4）园林绿地通常植被丰富，地面吸收能力强，地面径流较小，因此雨水一般采取以地面排除为主，沟渠和管道排除为辅的综合排水方式。
5）可以利用排水设施创造瀑布、跌水、溪流等景观。
6）排水的同时还要考虑土壤能吸收到足够的水分，以利植物生长，干旱地区尤应注意保水。

三、排水方式

1. 地形排水

地形排水即利用地面坡度使雨水汇集，再通过沟、涧、山道等加以组织引导，就近排入附近水体或城市雨水管渠。这是公园排除雨水的一种主要方法，此法经济实用，便于维修，而且景观自然。通过合理安排可充分发挥其优势。利用地形排除雨水时，若地表种植草皮则最小坡度为0.5%。

2. 管渠排水

管渠排水指利用明沟、管道、盲沟等设施进行排水的方式。明沟主要是土质明沟，其断面形式有梯形、三角形和自然式浅沟，沟内可植草种花，也可任其生长杂草，通常采用梯形断面；在某些地段根据需要也可砌砖、石或混凝土明沟，断面形式常采用梯形或矩形。在园林中的某些局部，如低洼的绿地、铺装的广场及休息场所，建筑物周围的积水以及污水的排除，需要或只能利用敷设管道的方式进行。其优点是不妨碍地面活动、卫生和美观，排水效率高。但造价也高，且检修困难，如图2-1所示。盲沟排水盲沟是一种地下排水渠道，又名暗沟、盲渠，主要用于排除地下水，降低地下水位。适用于一些要求排水良好的全天候的体育活动场地、地下水位高的地区以及某些不耐水的园林植物生长区等。

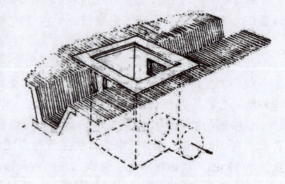

图2-1 边沟和排水管的连接

盲沟排水的优点：取材方便，可废物利用，造价低廉；不需附加雨水口、检查井等构筑物，地面不留"痕迹"，从而保持了园林绿地草坪及其他活动场地的完整性。布置形式：取决于地形及地下水的流动方向。常见的有四种形式，即自然式（树枝式）、截流式、箅式（鱼骨式）和耙式。自然式适用于周边高中间低的山坞状园址地形，截流式适用于四周或一侧较高的园址地形情况，箅式适用于谷底或低洼积水较多处，耙式适用于一面坡的情况。

盲沟的埋深和间距：盲沟的埋深主要取决于植物对地下水位的要求、受根系破坏的影响、土壤质地、冰冻深度及地面荷载情况等因素，通常为 1.2～1.7m；支管间距则取决于土壤种类、排水量和要求的排除速度，对排水要求高即全天候的场地，应多设支管。支管间距一般为 8～24m。

盲沟纵坡：盲沟沟底纵坡坡度不小于 0.5%。只要地形等条件许可，纵坡坡度应尽可能取大些，以利地下水的排除。

四、园林排水与水土保持

雨水径流对地表的冲刷，是地面排水所面临的主要问题。必须采取合理措施来防止冲刷，保持水土，维护园林景观，通常从以下三方面着手：

1）地形设计时充分考虑排水要求注意控制地面坡度，使之不至于过陡，否则应另采取措施以减少水土流失。

2）同一坡度（即使坡度不大）的坡面不宜延伸过长，应该有起伏变化，以阻碍缓冲径流速度，同时也丰富了园林地貌景观。

3）用顺等高线的盘山道、谷线等拦截和组织排水。

课中学习

给水排水施工是园林景观与绿化工程基础设施的重要组成部分。水系统主要包括水源系统、用水系统、给水系统、排水系统、回用系统和雨水系统，工程施工的优劣直接影响着自身环境和周边环境，对防涝及地下水和土壤污染的生态问题有着重要的影响，为此给水排水工程的施工尤为重要。水是园林中不可或缺的物质，为此必须满足园林中人们对水量、水质和水压的要求。水在使用过程中受到污染，成为污水，要经过处理后才能排放。完善的给水工程和排水工程以及污水处理工程，对园林景观与绿化的保护和发展具有重要的意义。

一、给水管道工程施工

工作流程

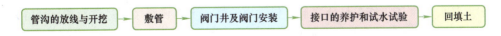

管沟的放线与开挖 → 敷管 → 阀门井及阀门安装 → 接口的养护和试水试验 → 回填土

操作步骤

1. 管沟的放线与开挖

园林给水工程大多属于隐蔽工程，因而在施工管理上应认真做好施工过程的记录，同时在材料方面应确保管材管件的规格质量符合要求。

根据图 1-22 所示图纸给水水源采用市政管道供水。市政管道从建筑中厨房接出，主干管道管径采用 DN40，支管管径采用 DN20。给水管道敷设方式采用埋地，给水均用 PPR（无规共聚聚丙烯管）管，管道埋深为地下 150mm。施工时首先设置中心桩，根据施工图纸测出管道的中心线，在其起点、终点、分支点、变坡点、转弯点的中心钉木桩。其次设置龙门板，在各中心桩处测出其标高并设置龙门板，龙门板以水平尺找平，且标出开挖深度以备开挖中检查。板顶面钉 3 颗钉，中间 1 颗为管沟开挖的边线。沟槽的形式分为直槽、梯形槽、混合槽 3 种。沟槽开挖时采用人工开挖，挖出的土放于沟边一侧，距沟边 0.5m 以上。沟槽开挖时，如遇有管道、电缆、建筑物、构筑物，应予以保护，并及时与有关单位和设计部门联系，严防事故发生造成损失。沟底需要进行沟底整平，使坡度、坡向符合设计要求，土质坚实；松土应夯实，砾石沟底应挖出 200mm，用好土回填并夯实。

2. 敷管

敷管之前要根据施工图检查管沟的坐标、沟底标高、平直程度等，无故障后，方可敷管。PPR 管较金属管硬度低、刚性差，在搬运、施工中应加以保护，避免不适当外力造成机械损伤。在暗敷后要标出管道位置，以免二次装修破坏管道。施工中注意 PPR 管 5℃ 以下存在一定低温脆性，冬期施工要当心，切管时要用锋利刀具缓慢切割。对已安装的管道不能重压、敲击，必要时对易受外力部位覆盖保护物。PPR 管长期受紫外线照射易老化降解，安装在户外或阳光直射处必须包扎深色防护层。PPR 管除了与金属管或用水器连接使用带螺纹嵌件或法兰等机械连接方式外，其余均应采用热熔连接，使管道一体化，无渗漏点，如视频 2-1 所示。

视频 2-1
给排水管道施工

3. 阀门井及阀门安装

室外埋地给水管道上的阀门均应设在阀门井内。阀门井有混凝土（预制）和砖砌 2 种。井盖的形式分为圆形和矩形 2 种。

1）阀门井安装井底通常为现浇混凝土，安装预制混凝土井圈（或砌筑井壁）时要垂直，井底和井口标高要垂直，井底和井口标高要符合设计要求。

2）阀门安装常用法兰式闸阀，阀门前后采用 PPR 给水短管。安装时阀门手轮垂直向上，两法兰之间加 3～4mm 厚的胶皮垫，以十字对称法拧紧螺母。

4. 接口的养护和试水试验

管道施工完后管顶覆土约 400mm，两端封堵。养护时间越长越好。通常 7d 即可。管道安装后在封管（直埋）及覆盖装饰层（非直埋暗敷）前必须试压。冷水管试压压力为系统工作压力的 1.5 倍，但不得小于 1MPa；热水管试验压力为工作压力的 2 倍，但不得小于 1.5MPa。

1）试压前的准备工作。试压之前，将管道的始、末端设置堵板，弯头和三通等处以道木顶住。在管道的高点设放气阀，低点设放水阀。管道较长时，在其始、末端各设压力表 1 块；管道较短时，只在试压泵附近设压力表 1 块。将试压泵（一般使用手压泵）与被试压管道连接上，并安装好临时上水管道，向被试压管道内充水至满，先不升压并养护 24 小时。

2）试压过程以手压泵向被试压管道内压水，升压要缓慢。当升压至 0.5MPa 时暂停，做初步检查；无问题时徐徐升压至试验压力 Ps1（1MPa，特指高压给水铸铁管道工作压力）；在此压力下恒压 10min，若压力无下降或下降小于 0.05MPa 时，即可降到工作压力。经全面检查以不渗、不漏为合格。

3）试压安全注意事项：管道水压试验具有危险性，因此要划定危险区，严禁闲人进入。操作人员也应远离堵板、三通、弯头等处，以防危险。

试压前向被试压管道内充水时，要打开放气阀，待管道内的空气排净后关闭。试压时自始至终升压要缓慢且无较大的振动。试压完毕应打开放（泄）水阀，将被试压管道内的水全部放干。

5. 回填土

试压、防腐之后可进行回填土。在填土之前进行全面检查，确认无误后方可回填。回填土内不得有石块，要具有最佳含水量。回填时应分层夯实，每层宜 100～200mm；最后一层应高出周围地面 30～50mm。

二、排水管线施工

1. 管沟的放线与开挖

参见给水管道工程施工。

2. 修筑管基

首先检查管沟的坐标、沟底标高、坡度坡向及检查井位置等，要符合设计要求；沟底土质良好，确保管道安装后不下沉。然后修筑管基，管基通常为现浇混凝土，其厚度及坡度坡向要符合设计要求。

3. 敷管

1）检查管材。PPR 管的规格要符合设计要求，不得有裂缝、破损和蜂窝麻面等缺陷。

2）清理管口。将每接管的两端接口以棉纱、清水擦洗干净。

3）敷管。将沟边的管子以人工逐根放入沟内的管基上，使接口对正。然后通过直线管段上首、尾两检查井的中心点拉一粉线，该粉线即管中心线。据此线来调整管子，使管道平直，并以水平尺检测其坡度、坡向，使之符合设计要求。

4. 接口的养护

接口的养护参见给水管道工程施工。

5. 筑井

检查井砌筑（或安装混凝土预制井圈）时，井壁要垂直，井底、上口标高以及截面尺寸应符合设计要求。

6. 试水试验

试水试验也称为闭水试验，应在管道覆土前进行。

1）试验前的准备工作。将被试验管段的上、下游检查井内管端以钢制堵板封堵。在上游检查井旁设一试验用的水箱，水箱内试验水位的高度，对于敷设在干燥土层内的管道应高出上游检查井管顶 4m。试验水箱底与上游井内管端堵板以管子连接；下游井内管端堵板下侧接泄水管，并挖好排水沟。

2）试验过程先由水箱向被试验管段内充水至满，浸泡 1～2 昼夜再进行试验。试验开始时，先量好水位，然后观察各接口是否渗漏，观察时间不少于 30min。

在湿土壤内敷设的管道，需检查地下水渗入管道内的水量。当地下水位超过管顶 4m 以上时，每增加 1m 水头，允许增加渗入水量的 10%；当地下水位高出管顶 2m 以内时，可按干燥土层做渗出水量试验。

排除带有腐蚀性污水的管道，不允许渗漏。

雨水管道以及与雨水性质近似的管道，除大孔性土壤和水源地区外，可不做试水试验。

7. 回填土

在灌水试验完成，并办理"隐蔽工程验收记录"后，即可进行回填土。管顶上部 500mm 以内不得回填直径大于 100mm 的石块和冻土块；500mm 以上回填的石块和冻土不得集中；用机械回填时，机械不得在管沟上行驶。回填土应分层夯实，每层虚铺厚度：机械夯实为 300mm 以内，人工夯实为 200mm 以内。管道接口处必须仔细夯实。

【课堂问题导向工作任务】

1）根据庭院情况分组进行管线施工方案讨论，并形成给水排水施工报告一份。
2）讨论明沟排水和盲沟排水的优缺点，如何与园林景观美观结合？

课后练习

1）简述给排水水管线工程施工程序。
2）简述常见给水管及阀门类型及特性。
3）盲沟的埋深和间距主要把握哪几方面？
4）灌水试验应该注意哪些环节？

任务二 照明工程施工

园林照明作为室外照明的一种形式，随着城市化的发展在体现夜景效果上越来越重要。而园林照明施工由于专业性强，为了更好地掌握园林供电施工的规律和方法，除了要了解园林供电设计所必需的基本知识，也要学习园林照明工程施工的一般方法和注意事项。在这个基础上，重点掌握如何检验照明工程完成质量。

课前自学

一、供电基本知识

园林供电的电源基本上都取自地区电网，只有少数距离城市较远的风景区才可能利用自然山水条件自发电使用。在电源方面需要了解以下几个问题。

1. 电源种类

电源一般分为交流电源与直流电源两大类。电压、电流的大小和方向随着时间变化而作周期性改变的电源是交流电源。园林照明、喷泉、提水灌溉、游艺机械等的用电，都是交流电。在交流电供电方式中，一般提供三相交流电源，即在同一电路中有频率相同而相位互差120°的三个电源。

2. 电压与电功率

电压是电路中两点之间的电势（电位）差，以V（伏）来表示。电功率是电做功快慢的能力，用W（瓦）表示。园林设施所直接使用的电源电压主要是220V和380V的，属于低压供电系统的电压，其最远输送距离在350m以下，最大输送功率175kW以下。中压线路的电压为1～10kV（千伏）；10kV的输电线路的最大送电距离在20km以下，最大送电功率在5000kW以下。高压线路的电压在35kV以上，最大送电距离在50km以上，最大送电功率在15000kW以上。

3. 三相四线制供电

从电厂的三相发电机送出的三相交流电源，采用三根火线和一根地线（中性线）组成一条电路，这种供电方式叫作"三相四线制"供电。目前，我国生产、配送的都是三相交流电。在三相四线制供电系统中，可以得到两种不同的电压，一是线电压，一是相电压。两种电压的大小不一样，线电压是相电压的1.73倍大。单相220V的相电压一般用于照明线路的单相负荷；三相380V的线电压则多用于动力线路的三相负荷。三相四线制供电的好处是：不管各相负荷多少，其电压都是220V，各相的电器都可以正常使用。当然，如各相的负荷比较平衡，则更有利于减少地线的电流和线路的电耗。园林设施的基本供电方式都是三相四线制的。

4. 用电负荷

连接在供电线路上的用电设备（如电灯、电动机、水泵等）在某一时刻实际取用的功率总和就是该线路的负荷。不同设备的用电量不一样，其负荷就有大小的不同。负荷的大小即用电量，一般用度数来表示，1度电就是1kW·h。在三相四线制供电系统中，只用两条电线工作的电气设备（如电灯），其电源是单相交流电源，其负荷称为单相负荷；凡是应用三根电源火线或四线全用的设备，其电源是三相交流电源，其负荷也相应属于三相负荷。无论单相还是三相负荷，接入电源后能正常工作的条件，都是电源电压达到其额定数值。电压过低或过高，用电设备都不能正常工作。根据用电负荷性质（重要性和安全性）的不同，国家将负荷等级分为三级。其中，一级负荷是必须确保不能断电的，如果中断供电就会造成人身伤亡或造成重大的政治、经济损失，这种负荷必须有两个独立的电源供应系统；二级负荷是一般要保证不断电的，若断电就会造成公共秩序混乱或较大的政治、经济损失；三级负荷是对供电没有特殊要求，没有一、二级负荷的断电后果的。

二、布置配电线路

一般大中型公园都要安装自己的配电变压器，做到独立供电。但一些小公园、小游园的用电量比较小，也常常直接借用附近街区原有变压器提供电源。电源取用点确定以后，要根据园林用电性质和环境情况，决定采用适合的配电线路布置方式。配电线路布置方式可采用链式、环式、放射式、树干式和混合式中的任何一种，主要应根据用电性质、用电量和投资资金情况来选定。

布置线路系统时,园林中游乐机械或喷泉等动力用电与一般的照明用电最好能分开单独供电。其三相电路的负荷都要尽量保持平衡。此外,在单相负荷中,每一单相用电都要分别设开关,严禁一闸多用。支线上的分线路不要太多,每根支线上的插座、灯头数的总和最好不超过 25 个。每根支线上的工作电流,一般为 6~10A 或 10~30A。支线最好走直线,要满足线路最短的要求。

从变压器引出的供电主干线,在进入主配电箱之前要设断路器和保险,有的还要设一个总电表;在从主配电箱引出的支干线上也要设出线断路器和保险,以控制整个主干线的电路。从分配电箱引出的支线在进入电气设备之前应安装漏电保护开关,保证用电安全。

三、园林灯具选择

要从景观效果的整体上考虑选择灯具,要将选用的灯具纳入环境中,使灯具的选择配置与总体布局及环境质量密切关联,最终达到环境整体性的统一,给人强烈的空间感染力。可选择的灯具种类也较多,主要有高杆灯、庭院灯、草坪灯、泛光灯、埋地灯等。

1. 高杆灯

《通用安装工程工程量计算规范》GB 50856—2013 规定安装高度为 19m 以上为高杆照明,而高杆灯主要是在大型广场照明中使用的,如图 2-2 所示。根据杆体的形式分为固定式(初期投资少,但维护时需要使用高空升降机,维护成本高)、升降式(初期投资较高,维护方便,总体成本低)和倾倒式(初期投资高,只可用于有足够倾倒空间的场合)。一般情况下采用的是升降式高杆灯。其光源采用的是 400W 及以上的高效型高压钠灯或金属卤化物灯。在布置灯具时首先考虑功能作用,在满足功能的前提下再满足美观要求。高杆灯的款式有蘑菇形、球形、荷花形、伸臂式、框架式及单排照明等,其结构紧凑,整体刚性好,组装维护和更换灯泡方便,配光合理,眩光控制好,照明范围可高达上万平方米。

图 2-2 高杆灯

2. 庭院灯

庭院灯一般放置在公园、街心花园、小区、学校及一些相关的地方,起到照明作用的同时又要达到景观的效果,可用多种式样的,如古典式、简洁式等。庭院灯有的安装在草坪,有的依公园道路、树林曲折随弯设置,达到一定的艺术效果和美感。其可用的光源也有较多种类,如节能灯、金属卤化物灯、低压钠灯及 LED 灯等,其高度一般为 3~4m,如图 2-3 所示。

3. 草坪灯

草坪灯主要用于公园、广场、小区、学校及一些相关地方周边的饰景照明,创造夜间景色的气氛,它是由亮度对比表现光的协调,而不是照度值本身,最好利用明暗对比显示出深远来。另外还有些采用聚乙烯材料制作的仿石及各种类型的草坪灯特别适合用于广场休闲游乐场所、绿化带等地方,如图 2-4 所示。草坪灯一般采用的光源是节能灯或太阳能灯。

图 2-3　庭院灯

图 2-4　草坪灯

4. 泛光灯

泛光灯用于大面积照明，常用于广场的雕塑、周边建筑等地方的照明。泛光灯适应能力强，同时具备良好的密封性能，可防止水分凝结于内，经久耐用。其光源一般采用的是金属卤化物灯或高压钠灯，如图 2-5 所示。

5. 埋地灯

埋地灯可用于广场及其广场道路的铺装、雕塑及树木等照明，其造型比较多，有向上发光的，有向四周发光的，也有只向两边发光的，可用于不同的地方，如图 2-6 所示。

埋地灯由于埋设在地底及水下，维修起来比较麻烦，要求密封效果特别好，也要避免水分凝结于内，属于加压水密封型灯具。其光源一般采用的是金属卤化物灯及 LED 灯。

图 2-5　泛光灯

图 2-6　埋地灯

6. 水下灯

水下灯主要用于水池及各种喷泉等的景观照明，突出水景在晚上的景观效果，如图 2-7 所示。以压力水密封型设计，最大浸深可达水下 10m，除了有防水功能外，也要避免水分凝结于内部，并且要耐腐蚀，确保产品可靠、耐用。其光源主要采用 LED 光源，要求有防漏电功能。

7. 壁灯

壁灯是安装在各种墙壁及台阶上的灯具，其一般采用的是节能灯，如图 2-8 所示。

园林工程施工技术

图2-7 水下灯

图2-8 壁灯

8. 射灯

这种灯主要是用于树木夜间灯光造景，一般安装在特殊造型树，主景树底下，用于照亮树木造型，让人在夜晚也可以欣赏到树木之美，如图2-9所示。

9. 装饰造型灯

装饰造型灯具的种类多样，如图2-10所示。其一般有电子礼花灯及各种造型灯光雕塑，可采用各种光源，如金卤灯、LED灯等。

图2-9 射灯

图2-10 装饰造型灯

四、园林灯光造景的形式

园林的夜间形象主要是在园林现有景观的基础上，利用夜间照明和灯光造景来塑造的。园林灯光造景的方式主要有以下形式：

1. 场地照明

园林中各类场地人流相对集中，灯光的设置要考虑人的活动特征。在场地周围选择发光效率高的高杆直射光源可以使场地内光线充足，便于人的活动。若广场范围较大，场地内部又不希望有灯杆的阻碍，则可根据照明的要求和所设计的灯光艺术特色，布置适当数量的地灯作为补充。场地照明一般依据工作照明或安全照明的要求来设置，在有特殊活动要求的广场上还应布置一些聚光灯之类的光源，以便在举行活动时使用。

2. 道路照明

园林道路类型较多，不同的园路对于灯光的要求也并不尽相似。对于园林中车行的主干道和次要道路，需要根据安全照明要求，使用具有一定亮度，且均匀的连续照明，以使车辆及行人能够准确判别路上情况；而对于游憩步道则除了需要照亮路面外，还希望营造出一种幽静、祥和的氛围，因而用环境照明的手法可使其融入柔和的光线之中。采用低杆园灯的道路照明应避免直射灯光，通常可用带有遮光罩的灯具，将视平线以上的光线予以遮挡；或使用乳白灯罩，使之转化为散射光源。

3. 园林建筑照明

园林建筑一般在园林中具有主导地位，为使园林建筑优美的造型能呈现在夜空之中，过去主要采用聚光灯和探照灯，如今已普遍使用泛光照明。为了突出和显示其特殊的外形轮廓，而弱化本身的细节，通常以霓虹灯或成串的白炽灯安设于建筑的棱边，构成建筑轮廓灯，也可以用经过精确调整光线的轮廓投光灯，将需要表现的形体仅仅用光勾勒出轮廓，使其余保持在暗色中，并与后面背景分开，这对于烘托气氛具有显著的效果。

4. 植物照明

园林灯光透过花木的枝叶会投射出斑驳的光影，使用隐于树丛中的低照明器可以将阴影和被照亮的花木组合在一起。特定的区域因强光的照射变得绚烂与华丽，而阴影之下又常常带有神秘的气氛。利用不同的灯光组合可以强调园中植物的质感或神秘感。灯具被安置在树枝之间，将光线投射到园路和花坛之上形成类似于明月照射下的斑驳光影，突出光影的变化。

5. 水景照明

夜色之中通过灯光照亮湖泊、水池、喷泉，则将让人体验到另一种感受。大型的喷泉使用红色、橘黄、蓝色和绿色的光线进行投射，会产生欢快的气氛；小型水池运用更为自然的光色则可使人感到亲切，可用蓝光滤光器校正，将水映射成蔚蓝色，以给人以清爽、明快的感觉。水景照明的灯具位置需要慎重考虑，位于水面以上的灯具应将光源，甚至整个灯具隐于花丛中或池岸、建筑的一侧，也就是要将光源背对着游人，以避免眩光刺眼。跌水、瀑布中的灯具可安装在水流下方，这不仅能隐藏灯具，而且还可以照亮潺潺流水，变得十分生动。

除了上述几种照明之外，还有像水池、喷泉水下设置的彩色投光灯、射向水幕的激光束、园内大量广告灯箱等等，此类灯具尽管还保留一部分照明功能，但更多的是对夜景的点缀。大量新颖灯具的不断涌现，不仅会使今后的园灯有了更多的选择，它所装点的夜景也会更加绚丽。

课中学习

园林中园林照明作为室外照明的一种形式在体现夜景效果上越来越重要。而园林照明

园林工程施工技术

施工由于专业性强,为了更好地掌握园林供电施工的规律和方法,除了要了解园林供电设计所必需的基本知识,也要学习园林照明工程施工的一般方法和注意事项。在这个基础上,重点掌握如何检验照明工程完成质量。

工作流程

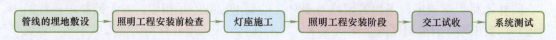

操作步骤

1. **管线的埋地敷设**

考虑到照明管线的架空施工可能会对园林景观效果产生破坏作用,一般采用管线的埋地敷设。但在不影响景观的隐蔽地带或角落施工时,为了节约工程费用,也可以酌情架空敷设。

埋地敷设管线时常采用铠装电缆直接埋入地下敷设。沟槽开挖前由测量人员放线定位。根据管线上方覆土深度的不同,管线埋地敷设又可分为深埋和浅埋两种情况。所谓深埋,是指管道上的覆土深度大于 1.5m;而浅埋,则是指覆土深度小于 1.5m。一般浅埋沟槽(深 55cm、宽 40cm)开挖,沟底清平,上敷电缆,回填土夯实。每敷设一档电缆均测一次绝缘电阻,按规范不低于 0.5MΩ 为合格。敷设电缆时,禁止在两个灯杆之间有任何接头。按电压等级排列,高压在上面,低压在下面,控制和通信电缆在最下面。敷设完毕后,盖好敷设前揭开的电缆沟水泥板。

管线采用深埋还是采用浅埋,主要决定于下述条件:管线中是否有水?是否怕受寒冷冻害?土壤冰冻线的深度如何?当有多条管线平行埋设在一处时,为避免相互影响并保证管线安全,管线之间在水平方向上和垂直方向上都要留有足够的间距。特别是管线相互交叉穿过时,更要保证管线的垂直间距,以免造成管线之间的冲突。

2. **照明工程安装前检查**

对主要材料、构件、零部件、灯柱、灯盘(含灯具)、配电系统、升降系统、限位装置、避雷装置等,按设计文件中技术规范及国家(或行业)有关标准规定进行检验。

1)检查所有零部件的出厂合格证是否齐全,材质、尺寸是否符合设计要求。采用的电器产品是符合国家标准的产品,零部件应配套。

2)检查灯杆所使用的金属材料的材质检验报告单,检查金属构件材料的抗拉强度、屈服强度、冲击强度、伸长率和硫、磷含量的合格证,以及含碳量和冷弯试验合格证等是否齐全,并符合国家标准的规定。

3)检查焊接材料的合格证明文件,检查出厂时对焊缝探伤的合格率是否大于 95% 以上,并对杆件及其焊缝作外观检查。结构用钢不得有影响材料力学性能的裂缝、分层、夹渣等缺陷,麻点或划痕的深度不得大于钢材负公差的一半,且不应大于 0.5mm。

焊缝尺寸必须符合设计要求,焊缝金属表面的焊棱均匀,不得有影响强度的裂缝、夹渣、焊瘤、烧穿、未熔合、弧坑和针状气孔,并且无褶皱和中断等缺陷。焊缝区咬肉不允许深度超过 0.5mm,累计总长度不得超过焊缝总长的 10%。焊缝宽度小于 20mm,焊脚高度为 1.5~2.5mm。角焊缝尺寸应为 6~8mm,焊脚尺寸不允许小于设计尺寸。

4）检查升降式高杆照明装置的升降系统出厂前的可靠性试验文件是否齐全，是否符合设计文件及有关标准的规定。

5）检查生产厂商提供的灯杆结构强度计算书是否符合设计文件中规定的设计条件。

6）检查照明装置的各加工部件是否按设计要求作了防腐处理，并具有出厂质检证书。

7）灯杆直线度和圆度各项尺寸误差和形位误差的检验，采用直尺、卡尺、水平仪等按设计图纸、技术规范及相应的国家行业标准有关要求进行检验，合格后方能使用。

8）检查灯具及其配套的电光源、附件、避雷针等的规格、型号是否符合设计规定。

3. 灯座施工

灯杆基坑开挖前，对基坑开挖位置测量放线，并请监理工程师现场核准。灯杆定位由专业测量人员进行，保证杆位放线准确，杆坑开挖，顺线路方向移位不应超过设计档距的5%，垂直线路不超过50mm。基坑开挖深度偏差不超过+100mm、−50mm，施工中如出现基坑超挖，进行回填和夯实。灯杆底座采用现场混凝土浇筑，接地极打入设计深度。对每根灯杆所需接地极数量进行试验。测量接地电阻值，不应大于10Ω，若大于10Ω，则增加接地极，直到符合设计要求为止。得出结论后按此数量施工。然后再复测，个别不满足的加打。

在浇筑灯杆基础前，预制地脚螺栓，并按设计尺寸焊接成架子置于钢筋架上；将电缆进线管按图纸要求弯制，用细铁丝固定于地脚螺栓架上，堵好管口。基础配筋完成后进行基础浇筑，商品混凝土标号按设计要求，浇筑时用振动器振捣密实，并按要求做好混凝土试块。

4. 照明工程安装阶段

在灯杆基础施工完毕并达到设计强度后，进行灯杆吊装。灯杆吊装前，安装好灯臂并组装好灯具。

1）全数检查承包人对每个灯杆测量放线确定的平面位置是否符合设计图纸。全数检查基础开挖尺寸，并要求承包人对于高杆灯的基础土壤承载力提供试验报告，若不能满足设计要求，应及时通知业主、设计单位等及时处理。

2）对钢筋混凝土基础，应按有关钢筋混凝土质量监理的要求进行全过程旁站监理，地脚螺栓的定位应满足垂直度及基础高程的要求。

3）避雷接地装置的安装过程中，应全过程旁站，并检验接地电阻值是否满足设计要求，高杆灯的避雷接地电阻≤10Ω。

4）灯杆就位后，要检查灯杆的竖直度≤5‰为合格。

5）高杆灯的安装完成后，对升降部分的卸载和脱离这两个过程要进行两次以上试验，确保准确无误后，将钢丝绳终点标示清楚并调整好灯盘上的限位开关。同时还要检查配电系统、卷扬机构的工作是否正常。安装调试要求自动挂钩、安全索紧装置及升降机构均需灵活运转、动作准确，无卡死或迟滞现象，上下限位器动作可靠，并调整灯具俯角方位准确，检查各部位照度是否符合提供的数据要求。

5. 交工试收

验收时应作下列检查：

1）灯柱安装位置、灯柱地面以上高度、灯柱的竖直度是否符合设计规定。

2）灯柱、灯具、光源的技术规格、材质、防腐等是否符合技术规范或设计要求。

3）检查灯柱（具）接地装置的安装是否符合设计规定。
4）对照明设施做不少于 50% 的安装质量抽查，并做好记录。
5）测量灯、灯柱的受电电压是否符合设计规定。
6）检查照明区内路面照度是否符合设计要求。

6. 系统测试

为保证设备的任何一部分和其安装性能符合规范要求，系统测试应连续进行不少于 5 昼夜，且操作无失误。如果出现失误或不满意操作，应进行校正并重新测试直到达到要求为止。

【课堂问题导向工作任务】

1）根据图 1-22 庭院情况分组进行照明施工方案讨论，并形成照明施工报告一份。
2）调查智慧园林中园林景观照明的应用。

课后练习

1）照明灯具类型有哪些？
2）管道穿线应该注意什么问题？
3）照明工程验收时主要把握哪几方面？
4）灯具安装时应该注意哪些环节？
5）实训报告：要求每个小组完成一份任务总结（见实训项目二）。

项目三 硬质铺地施工

职业能力清单

知识要求
- 了解园路及广场铺装的结构；
- 知道园路及广场工程的施工放样原理；
- 掌握场地平整和找坡技术，了解地面铺设施工工序并掌握操作工艺；
- 了解面层石料的品种、规格，掌握不同面层铺装施工处理方法，了解铺装质量验收方法。

技能要求
- 能读懂施工图，进行园路及广场工程的施工放样；
- 能合理安排园路施工方案；
- 能独立铺设地面基层；
- 会处理不同面层的施工。

素质要求
- 培养学生根据园路施工挑选材料的耐心及铺面层的认真程度，要求施工中仔细检查放样的质量；
- 注重团队协调配合完成某一段园路的施工；
- 施工完毕后具有检查施工结果并及时收集工具的习惯；
- 培养学生施工放样保持细心的态度和安全意识；
- 培养学生在外出参观考察中的自我约束能力；
- 培养学生在广场中对不同铺装拼贴的审美素质和认知素质。

项目学习引言

硬质铺装是运用自然或人工的铺地材料，按照一定的方式铺设于地面形成的地表形式。在园林绿化中，铺装作为构园的一个要素，其表现形式受到总体设计的影响，根据环境的不同，铺装表现出的风格各异，从而造就了变化丰富、形式多样的效果。通过多样式的铺装，在实用功能上为园林绿地提供交通、休息、连接等作用。

传统硬质铺地中花街铺地以瓦片、各色卵石、碎石、碎瓷片等，拼合成各种图案装饰的园林路面，它以精美的工艺技术、深厚的文化底蕴、精美的视觉景观和独特的意境含蕴

园林工程施工技术

> 丰富着古典园林的内涵。党的二十大报告中提出,"推进文化自信自强,铸就社会主义文化新辉煌","发展社会主义先进文化,弘扬革命文化,传承中华优秀传统文化"。现代园林要发扬优秀传统文化,将其融入新中式园林中,广泛应用于园路、广场、休息平台、台阶等。铺装的种类不同,要求我们在学习中既要熟悉施工图纸,掌握材料,同时又要结合场地现有情况,做好施工前的准备,包括材料准备、场地放线、复核等。

任务一 园路工程施工

园路工程施工是在园林中确定园路布局和结构面层施工的过程,是园林总体施工的一个重要组成部分。园路工程的重点在于控制好施工面的高程,并注意与园林其他设施在高程上相协调。施工中,园路路基和路面基层的处理只要达到设计要求的牢固和稳定性即可,而路面面层的施工,则要求更加精细,更加强调对质量的要求和艺术效果。

课前自学

视频 3-1 园路工程施工

一、园路的组成

1. 园路的基本类型

园路一般有三种类型:一是路堑型,二是路堤型,三是特殊型,包括步石、汀步、蹬道、攀梯等,如视频 3-1 所示。

2. 园路的分类

路面根据划分方法的不同,可以有许多不同的分类。按使用材料的不同,将路面分为:

① 整体路面:包括水泥混凝土路面和沥青混凝土路面。
② 块料路面:包括各种天然块石或各种预制块料铺装。
③ 碎料路面:用各种碎石、瓦片、卵石等组成的路面。
④ 简易路面:由煤屑、三合土等组成的路面,多用于临时性或过渡性园路。

其中沥青、混凝土路面主要用于车行道,其他类型大多在园路中有着极其广泛的应用,如图 3-1 所示。

a)碎料路面

b)块料路面

图 3-1 园路面层的应用

二、园路设计的准备工作

熟悉设计场地及周围的情况，对园路的客观环境进行全面的认识。

勘查时应注意以下几点：

1）了解基地现场的地形地貌情况，并核对图纸。
2）了解基地的土壤、地质情况，地下水位、地表积水情况，地表积水的原因及范围。
3）了解基地内原有建筑物、道路、河池及植物种植的情况，要特别注意保护大树和名贵树木。
4）了解地下管线（包括煤气、供电缆、电话、给水排水等）的分布情况。
5）了解园外道路的宽度及公园出入口处园外道路的标高。

三、园路平面线形设计

1. 园路的线形设计

园路的线形设计应与地形、水体、植物、建筑物、铺装场地及其他设施结合，形成完整的风景构图，创造连续展示园林景观的空间或欣赏前方景物的透视线。园路的线形设计应主次分明、便于组织交通和游览、疏密有致、曲折有序，才能组织风景，延长旅游路线，扩大空间，使园路在空间上有适当的曲折。较好的设计是根据地形的起伏，周围功能的要求，使主路与水面若即若离。它交叉于各景区之间沿主路能使游人欣赏到主要的景，把路作为景的一部分来创造。园路的布置应根据需要有疏有密，适当的曲线能使人们从紧张的气氛中解放出来，而获得安适的美感。

在总体规划时已初步确定了园路的位置，但在进行园路技术设计时，应对下列内容进行复核。

1）风景区的游览大道及大型园林的主干道的路面宽度。应考虑能通行大型工程车、大型客车。在公园内一般不宜超过6m。
2）公园主干道。由于公园内交通的需要，应能通行大型工程车。对重点文物保护区的主要建筑物四周的道路，应能通行消防车，其路面宽度一般为3.5m。
3）游步道一般为1～2.5m，小径也可小于1m。由于游览的特殊需要，游步道宽度的上下限均允许灵活些。
4）健康步道是常见的足底按摩健身方式。游人通过行走卵石路上按摩足底穴位达到健身目的，最小运动宽度见表3-1。

表3-1 游人及各种车辆的最小运动宽度

交通种类	最小宽度/m	交通种类	最小宽度/m
单人	0.75	小轿车	2.00
自行车	0.6	消防车	2.06
三轮车	1.24	大型工程车	2.50
手扶拖拉机	0.85	大轿车	2.66

2. 平曲线半径的选择

当道路由一段直线转到另一段直线上去时，其转角的连接部分均采用圆弧形曲线，这种圆弧的半径称为平曲线半径，如图 3-2 所示。

自然式园路曲折迂回，在平曲线变化时主要由下列因素决定：

① 园林造景的需要。

② 当地地形、地物条件的要求。

③ 在通行机动车的地段上，要注意行车安全。在条件困难的个别地段上，在园内可以不考虑行车速度，只要满足汽车本身的最小转弯半径就行。因此，其转弯半径不得小于 6m。

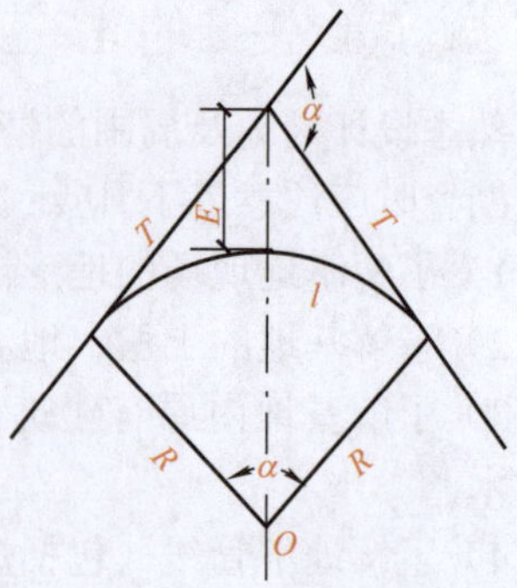

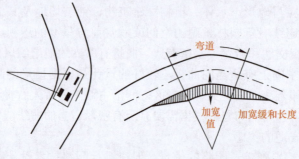

图 3-2 平曲线图

T—切线长 E—曲线外距 L—曲线长
$α$—路线转折角度 R—平曲线半径

3. 曲线加宽

汽车在弯道上行驶，由于前后轮的轮迹不同，前轮的转弯半径大，后轮的转弯半径小。因此，弯道内侧的路面要适当加宽，如图 3-3 所示。

图 3-3 弯道行车道后轮轮迹与曲线加宽图

4. 园路的纵断面

（1）园路纵断面的要求

① 园路一般根据造景的需要，随地形的变化而起伏变化。

② 在满足造园艺术要求的情况下，尽量利用原地形，保证路基的稳定，并减少土方量。

③ 园路与相连的城市道路在高程上应有合理的衔接。

④ 园路应配合组织园内地面水的排除，并与各种地下管线密切配合，共同达到经济合理的要求。

（2）园路的纵横坡度 一般路面应有 8% 以下的纵坡和 1%～4% 的横坡，以保证路面水的排除。当车行路的纵坡在 1% 以下时，方可用最大横坡。在游步道上，道路的起伏可以更大一些，一般在 12% 以下为舒适的坡度，超过 12% 时行走较费力。北海公园琼岛陡山桥附近园路纵坡度为 11.5%，为了保证主环路通车的要求，又能使步行者舒适，把主路中间部分做成坡道，两侧做成台阶，使用效果较好。颐和园某处纵坡度为 17%，在雨、雪天下坡行走十分危险。一般超过 15% 应设台阶。北京香山公园从香山寺到洪光寺一线，因通汽车需要，局部纵坡在 20% 以上，这在一般情况下是不允许的。因为在上坡时汽车能以低档爬行上去。但在下坡时，汽车刹车增加，易使制动器发热，造成事故，因此一般是不允许的。

（3）竖曲线 一条道路总是上下起伏的。在起伏转折的地方，由一条圆弧连接。这种圆弧是竖向的，工程上把这样的弧线叫竖曲线，竖曲线应考虑会车安全。

（4）弯道与超高 当汽车在弯道上行驶时，产生的横向推力叫离心力。这种离心力的大小，与车行速度的平方成正比，与平曲线半径成反比。为了防止车辆向外侧滑移，抵消离心力的作用，就要把路的外侧抬高，如图3-4所示。在游览性公路设计时，还要考虑路面视距与会车视距。

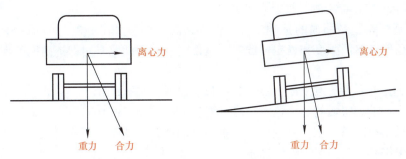

图3-4　汽车离心力示意

（5）供残疾人使用的园路在设计时的要求
①路面宽度不宜小于1.2m，回车路段路面宽度不宜小于2.5m。
②道路纵坡一般不宜超过4%，且坡长不宜过长，在适当距离应设水平路段，并不应有阶梯。
③应尽可能减小横坡。
④坡道坡度为1/20～1/15时．其坡长一般不宜超过9m；每逢转弯处，应设不小于1.8m的休息平台。
⑤园路一侧为陡坡时，为防止轮椅从边侧滑落，应设10cm高以上的挡石，并设扶手栏杆。
⑥排水沟箅子等，不得突出路面，并注意不得卡住轮椅的车轮和盲人的拐杖。

5. 园路结构组成

园路一般由面层、结合层、垫层和基层四部分组成。
（1）园路各层结构及作用　路面面层的结构组合形式是多种多样的。但园路路面层的结构比城市道路简单。其典型的面层图式，如图3-5所示。

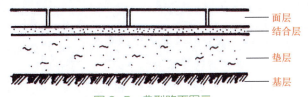

图3-5　典型路面图示

①面层，是路面最上面的一层，它直接承受人流、车辆和大气因素（如烈日、严冬、风、雨、雪等）的破坏。如面层选择不好．就会给游人带来"无风三尺土，雨天一脚泥"或反光刺眼等不利影响。因此从工程上来讲，面层设计时要坚固、平稳、耐磨耗、具有一定的粗糙度、少尘埃，便于清扫。
②结合层。在采用块料铺筑面层时，在面层和基层之间，为了结合和找平而设置的一层。一般用3～5cm的粗砂、水泥砂浆或白灰砂浆铺筑即可。
③垫层。在路基排水不良或有冻胀、翻浆的路线上，为了排水、隔温、防冻的需要，

用煤渣土、石灰土等筑成。在园林中可以用加强基层的办法，而不另设此层。

④基层，一般在土基之上，起承重作用。一方面支承由面层传下来的荷载，另一方面把此荷载传给土基。基层不直接接受车辆和气候因素的作用，对材料的要求比面层低。一般用碎（砾）石、灰土或各种工业废渣等筑成。

（2）路基　路基是路面的基础，它不仅为路面提供一个平整的基面，承受路面传下来的荷载；也是保证路面强度和稳定性的重要条件之一。因此路基对保证路面的使用寿命具有重大意义。

经验认为：一般黏土或砂性土开挖后用蛙式打夯机夯实3遍，如无特殊要求，就可直接作为路基。对于未压实的下层填土，经过雨季被水浸润后能使其自身沉陷稳定，其密度为 180g/cm³ 可以用于路基。在严寒地区，严重的过湿冻胀土或湿软呈橡皮状土，宜采用 1:9 或 2:8 灰土加固路基，其厚度一般为15cm。

6. 园路附属工程

（1）路缘石　路缘石一般分为侧石和平石两种形式，如图3-6所示。它们安置在路面两侧，使路面与路肩在高程上起衔接作用，并能保护路面，便于排水。路缘石一般用砖、混凝土、瓦、大卵石或花岗岩制成。

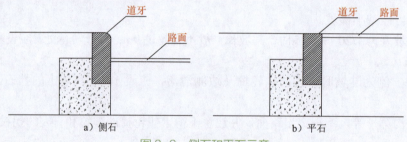

图3-6　侧石和平石示意

施工时，花岗岩路缘石安装顺序为：水泥稳定层施工→现浇路缘石机动车道侧混凝土→安装路缘石→现浇另一侧混凝土。安装路缘石时首先测量放线定出路缘石的位置，每5m设桩位，然后在测放桩位时在桩顶上测放高程。安装路缘石时先挂线，然后在混凝土垫层上铺一层厚约2cm的水泥砂浆，铺上路缘石，经校核边线及高程无误后施工后座混凝土。

路缘石的质量验收要求：

①路缘石必须稳固、顺直、无折角，顶面应平整无错牙，路缘石勾缝应严密。

②路缘石背后混凝土部分需加强振捣。

③破损、变形、尺寸不合格的路缘石不得使用。

④施工时路缘石必须湿润，基层坐浆必须饱满，抹缝严密。

除此之外，为了美观，路缘石经常还进行倒角打磨处理，如视频3-2所示。

视频3-2
园路工程侧石打磨

（2）雨水井　雨水井是为收集路面雨水而建的构筑物，在园林中常用砖块砌成。

①雨水井。一般在做完基层后进行砌筑，须按设计图中的边线高程设线挖槽，控制位置、方向和高程。再按道路设计边线及支管位置，定出雨水口中心线桩使雨水口长边必须重合道路边（弯道部分除外）。按雨水口中心线桩，挖槽注意留有一定宽余，如核对雨水口位

置有误差时以支管为准，平行于路边修正位置，并挖至设计深度。井墙为 M10 水泥砂浆砌筑 MU10 红砖，内壁原浆抹灰，砌筑时按井墙位置挂线，先砌井墙一层，随砌随刮平缝，每砌高 30cm 应将墙外肥槽及时回填夯实。砌至雨水支管处应满卧砂浆，砌砖已包满支管时应将管口周围用砂浆抹严抹平，不能有缝隙，管顶砌半圆砖块，管口应与井墙面齐平。支管与井墙必须斜交时，允许管口入墙 2cm，另一侧凸出 2cm，超过此侧限时须考虑调整雨水口位置。井口应与路面施工配合同时升高，然后安装 C25 混凝土井圈，井圈标志点一侧朝向立路缘石。雨水箅及托座均为铸铁件，材料为 HT1533，铸件应平整，棱角外形整齐，不允许有砂眼、疤痕等缺陷存在，雨水箅热涂沥青防腐，用 1m 普通链条固定。预制井圈内侧应与路缘石或路边成一直线，并须铺满砂浆，找平坐稳，井圈顶与路面齐平或稍低，不得凸出。

② 井盖安装。雨水井随路基填土及基层面层施工逐步加高，井盖安装在路面混凝土施工前进行。位于机动车道和非机动车道上的雨水井均采用超重型铸铁井盖及井座；位于非铺砌路面的雨水井采用重型铸铁井盖及井座。所有井盖均带 1m 防盖链。井盖安装时，设在铺砌路面上的雨水井，要求井盖面高出地坪 30mm，并在井口周围以 $i=0.02$ 的坡度向外作好护坡。安装井盖需用 1:2 水泥砂浆坐浆，保证其平稳。施工路面混凝土时，注意振捣时不要引起井盖移动。

（3）人行道　人行道砖块铺砌方法如下：

① 人行道稳定层达到龄期并检验合格后，才能铺砌人行道砖块。

② 人行道铺砌前放出中线或边线，或以路侧石为边线，并约隔 5m 测放一水平桩，以控制方向及高程。

③ 测量放线以后，可按水平及中线纵横挂线，然后每隔 3～5m 先铺一块作控制点，以后跟线在中间铺砌。

④ 把人行道上的井按路面标高调整好，然后进行人行道砖的铺砌。

⑤ 铺砌时，用 2cm 厚的水泥砂浆进行调平。

⑥ 铺砌各类人行道砖时，相邻两砖间隙均按 0.5cm 控制，并用粗砂填缝。

⑦ 残疾坡道、路口按三面斜坡铺砌；导盲带如遇井、电杆等障碍物要设计避开这些障碍物。

人行道施工质量标准如下：

① 铺砌必须平整稳定，不得有翘动现象。

② 人行道面层与其他构筑物应接顺，不得有积水现象。

人行道质量允许偏差和检验办法见表 3-2。

表 3-2　人行道质量允许偏差和检验办法

项目	允许偏差 /mm	检验频率		检验方法
		范围 /m	点数	
平整度	5	20	1	用 3m 直尺量取最大值
相邻块高差	3	20	1	用尺量取最大值
横坡	±0.3%	20	1	用水准仪具测量
纵缝直顺	10	40	1	拉 20m 小线量取最大值
横缝直顺	10	20	1	沿路宽拉小线量取最大值
井框与路面高差	5	每座	1	用尺量

（4）台阶、礓礤、蹬道、种植池

①台阶。当路面坡度超过12°时，为了便于行走，在不通行车辆的路段上，可设台阶。台阶的宽度与路面相同，每级台阶的高度为12～17cm，宽度为30～38cm。一般台阶不宜连续使用，如地形许可，每10～18级后应设一段平坦的地段，使游人有恢复体力的机会。为了防止台阶积水、结冰，每级台阶应有1%～2%的向下的坡度，以利排水。在园林中根据造景的需要，台阶可以用天然山石、预制混凝土作成本纹板、树桩等各种形式，装饰园景。为了夸张山势，造成高耸的感觉，台阶的高度也可增至15cm以上，以增加趣味。

②礓礤。在坡度较大的地段上，一般纵坡超过15%时，本应设台阶，但为了能通行车辆，将斜面制成锯齿形坡道，称为礓礤。其形式和尺寸如图3-7所示。

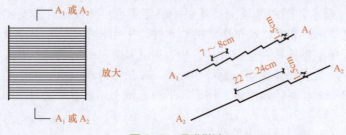

图3-7　礓礤做法

③蹬道。在地形陡峭的地段，可结合地形或利用露岩设置蹬道。当其纵坡大于60%时，应做防滑处理，并设扶手栏杆等。

④种植池。在路边或广场上栽种植物，一般应留种植池。在栽种高大乔木的种植池上应设保护栅。

> **课中学习**

以某园路工程为例分析施工过程，主要有松木桩生态园路、花岗岩园路、防腐木铺装和台阶等。

一、园路施工

> **工作流程**

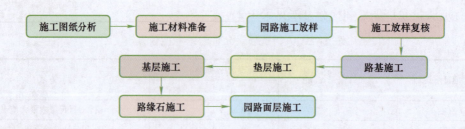

> **操作步骤**

1. 施工图纸分析

在施工前应熟悉施工图纸，准确理解设计意图，通过对施工图的分析首先知道园路的线形走向、铺装要求、大样做法等，同时在施工图上了解园路铺装的材料及铺装尺寸、样式的要求。尤其在铺地施工中，铺装材料的准备工作任务比较重，因此在确定方案时应根据铺装的实际尺寸进行放样，这都要求对施工图非常熟悉。如图3-8所示为某园路透水砖铺装剖面。

修建的园路主要有透水砖路、花岗岩板材路和松木桩生态路等，其区别主要是在面层材料的使用上，在基础以及基层、垫层施工，其流程和做法一致，如视频3-3所示。

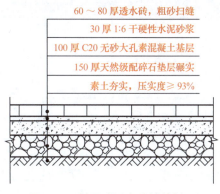

视频3-3
庭院园路施工

图3-8 某园路透水砖铺装剖面

2. 施工材料准备

通过对园路施工图的分析我们了解到主要需要的施工的材料和数量，并需要我们做出材料用量清单，如花岗岩、石板、防腐木、条石、毛石砌块等的用量。像花岗岩板材这样需要预先加工材料的使用，我们还需要进行材料尺寸、用量的设计，按照施工图做出尺寸标注和编号，以保证合理使用和利用材料。

为了达到较好的景观效果，在园路铺装样式上使用了多种材料，对于不同材料的施工有不同的施工方法，所使用的施工机具也不同，因此按照园路设计及铺装要求，提前准备施工机具，并备好施工机具使用清单，并于施工前准备妥当。

3. 园路施工放样

园路放线常使用中心点放线的方法，根据施工图纸对所有的中心控制桩进行测量、核实，并放出园路中心线。园路路线不长时，按园路的中线，在地面上每隔1m放一中线柱即可，并且在弯道的曲线上应在曲头、曲中、曲尾各放一中线桩，并在中线桩上写明桩号，再以中心桩为准，根据园路的宽度和场地的范围定边桩，最后放出路面和场地的平面线。放设中心线可以根据园路的长短以及线形的不同，放置不同距离的中心桩。在中心线测设完毕后，应使用石灰划出中线位置，按照设计园路的宽度分别向两侧等距增加，测设出边线的位置，并用桩点标示清楚。同时在基槽开挖时，应分别向外扩大30cm，以便于施工操作和侧石的安放。

4. 施工放样复核

放样完成之后对照施工竖向设计图，复核场地地形及各坐标点、控制点的数据是否与图纸一致，并且要本着实事求是、精益求精的工作态度，对业主和企业高度负责的敬业精神，做到高效、规范、准确地满足施工需要。复核结果需经主测人员签认后方可交付施工，未经复核和签字不全的资料不能作为测量成果使用。对于使用的桩位、水准点，必须按测量规范要求进行换手复测，防止出现测量事故。

测量部门的测量记录必须采用标准格式的记录本及表格（表3-3）。保证测量资料原始记录、内业资料的齐全、真实、规范性。

表 3-3　施工放样复核记录

复核日期：　　年　月　日

工程名称		分部（分项）工程名称	
施工单位名称		工程部位	
质量标准与偏差限度			
放样记录			
示意图		施工部门自检结果	桩号 | 偏南/mm | 偏东/mm 1 2 3 4 5
复核记录	经复核，偏差见右表，差值均在规定范围内，桩位符合设计图纸要求。		

施工员：＿＿＿＿＿＿　　专业测量员：＿＿＿＿＿＿　　监理：＿＿＿＿＿＿

5. 路基施工

（1）挖方　根据测放出的高程，使用挖土机械挖除路基面以上的土方，一部分土方经检测合格用于填方，余土运到指定的弃土场。

（2）填筑　路基基层填筑材料利用路基开挖出的可作填方的土、石等适用材料。在施工时使用碎石作为填筑的材料，使用前应先作抗压试验，并将试验报告及其施工方案交监理工程师批准后方可使用。其中路基采用水平分层填筑，最大层厚不超过30cm，水平方向逐层向上填筑，并形成2%～4%的横坡以便于排水。

（3）碾压　在对碎石垫层碾压时使用夯实机进行，碾压时做到无漏压、无死角并保证碾压均匀。碾压时，先压边缘，后压中间；先轻压后重压。填土层在碾压前应先平整，并做2%～4%的横坡。当遇到构筑、建筑物附件无法使用时，可选择人工夯实或手扶式打夯机。

如施工作业面较小，无法使用碾压机械时，可以选择使用蛙式手扶打夯机夯土2～3遍，铺地槽平整度的允许偏差不得大于2cm。园路涉及高差变化或者微地形变化时的处理要结合场地现状，适当造型，力争达到最佳效果。

6. 垫层施工

垫层是承重和传递荷载的构造层。垫层工程施工内容包括底层平整及原材料处理、洒水拌和、分层铺设、找平压实、养护、砂浆调制运输等。常使用的垫层有灰土垫层、砂垫层、碎石垫层和素混凝土垫层。对于一些横穿道路的管线，如电线、水管等，需要在此阶段提前预埋。

因其地质条件，选用了碎石垫层，使用天然碎石或加工而成的碎石铺设而成，其厚度一般不小于100mm，如视频3-4所示。

（1）材料要求　砂和石子不得含有草根等杂质，冻结的砂和冻结的石子均不得使用，石子的最大粒径不得大于垫层厚度的2/3。

（2）施工要点　使用手扶式打夯机夯实，每层虚铺150～200mm，最佳含水量为8%～12%，要一夯压半夯全面夯实，反复夯实3次。

视频3-4
碎石垫层施工

7. 基层施工

为保证混凝土搅拌质量，混凝土工程应遵循以下原则：

1）测定现场砂、石含水率，根据设计配合比，送有关单位做好混凝土级配，并按级配挂牌示意。

2）每天搅拌第一拌混凝土时，水泥用量应相对增倍。

3）平板振捣器震动均匀，以提高混凝土的密实度。

4）严格控制砂石料的含泥量，选用良好的骨料，砂选用粗砂，砂含泥量小于3%，石子不超过10%。

5）减少环境温度差，提高混凝土抗压强度，浇筑后应覆盖一层草包在12小时后浇水养护以防气温变化的影响。混凝土养护时间不小于7天。

6）一般用M7.5水泥、白泥、砂混合浆或1∶3水泥砂浆砌筑结合层。砂浆摊铺宽度应大于铺装面5～10cm，已拌好的砂浆应当日用完。也可用3～5cm粗砂均匀摊铺而成。

7）对于基础条件较差、人流量较大和有运输要求的园路，其混凝土基层可加设拉结钢筋网提高强度，如图3-9、视频3-5所示。

视频3-5
混凝土基层施工

图3-9　混凝土基层施工

8. 路缘石施工

在混凝土垫层上安置路缘石，先应检查轴线标高是否符合设计要求，并校对。圆弧处可采用20～40cm长度的路缘石拼接，以便利于圆弧的顺滑，严格控制路缘石顶面的标高，接缝处留缝均匀。外侧细石混凝土浇筑紧密牢固。嵌缝清晰，侧角均匀、美观，如视频3-6所示。

路缘石基础宜与地床同时填挖辗压，以保证有整体的均匀密实性。路缘石安装要平稳牢固，其背后要应用灰土夯实。

视频3-6
路缘石安装施工

9. 园路面层施工

园路铺装面材采用多种材料贴面铺装，如透水砖、花岗岩等，这类面材的铺装一般是使用水泥砂浆作为结合层，将面材黏接在整体现浇的水泥混凝土基层之上。在混凝土基层上铺设结合层，其作用为找平、结合面层。水泥砂浆一般选用 1∶2 或 1∶2.5 粗砂砂浆。用片材贴面装饰的路面，最好设置路缘石，以便路边更加整齐和规范。

（1）透水砖铺装　透水砖是一种道路铺设的材料，具有非常好的透水速度，还有耐磨性也比较强的特点。

透水砖施工之前，首先需要根据设计的图纸对路面进行网格定位，并且要在定位的4个角落挂线，之后才能够在四方格的周围铺设透水砖。铺设的地面首先需要做一下找平的处理，要按照一定的比例，将细石、混凝土材料和水搅拌均匀，含水量不能够太多，也不能够太少，用厚度为 1.5～2.5cm 的湿性结合材料，垫在面层混凝土板上面或基层上面作为结合层，然后在其上砌筑片状或状贴面层。砌块之间的结合以及表面抹缝，亦用这些结合材料，如视频3-7所示。地面找平工作之后，用水进行湿润，再将透水砖底部抹上水泥砂浆，铺设在结合层上面，同时还需要在透水砖的四周留 2mm 均匀缝隙，用橡皮锤将透水砖敲平整，并且要保证缝隙之间对齐，与挂线保持一致，如视频3-8、视频3-9所示。

视频3-7
透水砖砂浆施工

视频3-8
透水砖面层铺设

视频3-9
透水砖铺设局部处理

施工结束的24小时以后，进行洒水、养护，养护时间一般来说要达到3天，在这3天之内人不能够在上面行走，或者车辆通行。

（2）片材铺装　用整形的板材铺在路面上作为道路的结构面层，都属于这类形式。这类铺地适用于一般的散步游览道路、草坪路、岸边小路和林荫道。铺砌花岗岩类板材时，为使面层不因下雨积水，有必要在施工时将路面做出两侧 1.5%～2% 的斜度。片块状材料面层，在面层与基层之间的结合层采用干性的细砂、石灰粉、灰土（石灰和细土）、水泥粉砂等作为结合材料或垫层材料。

以干性粉砂状材料，作面层砌块的垫层和结合层。铺砌时，先将粉砂材料在基层上平铺一层，用干砂、细土铺设垫层，厚3～5cm，用水泥砂、石灰砂、灰土铺设结合层，厚 2.5～3.5cm，铺好后抹平。然后按照设计的砌块、砖块拼装图案，在垫层上拼砌成面层，并在多处震击，使所有砌块的顶面都保持在一个平面上，这样可使铺装十分平整。随后，砌块下面的垫层材料慢慢硬化，使面层砌块和下面的基层紧密地结合在一起，如图3-10所示。

图3-10　板材铺砌路面

二、防腐木铺装工程施工

在园林铺地中，为了达到更好的铺装效果，经常选用防腐木铺装材料，防腐木因其具有木材的质朴与美观，同时经过处理后的防腐木有较好的耐久性，因此是常使用的铺装材料之一。在楼前平台上，设有防腐木铺装的观景平台。防腐木铺装时基础施工与其他面层材料的施工工艺基本相同。但在防腐木铺装时需要使用膨胀螺栓或角钢来固定防腐木龙骨，因此对放线及定位要求较高。

工作流程

熟悉施工图纸 → 平台基础施工 → 尺寸复核、放线 → 防腐木龙骨安装 → 防腐木板材安装

操作步骤

1. 熟悉施工图纸

按照提供的施工图，熟悉施工图纸的内容，包括防腐木的木材种类、加工尺寸、使用位置、大样做法等。

2. 平台基础施工

（1）地基基础和立柱施工　因亲水木平台立柱在水体中，为防止沉降带来的破坏，需做好基础的施工工作。清除淤泥，将松软的地基土清除，使用夯实机夯实，并回填碎石夯实。岸边部分基础可以同时进行，夯实基础，回填碎石并夯实。

（2）支模、绑扎钢筋网并浇筑混凝土　按照施工图示设计要求，支模、绑扎钢筋，并完成立柱和混凝土基层的浇筑，浇筑尺寸以施工图要求为准，达到养护周期后再进行下一步施工作业，如图3-11所示。

3. 尺寸复核、放线

在混凝土养护完成后，对施工完毕的混凝土基础进行尺寸复核，符合设计图纸要求后方可进行下步施工，如图3-12所示。

图3-11　防腐木铺装做法

图3-12　尺寸复核、放线

混凝土基础复核完准确无误后，在混凝土基层上测设出防腐木龙骨的位置，并用线标记好位置。

4. 防腐木龙骨安装

防腐木安装前通常根据现场施工需要进行防腐木切割加工，切割时采用不同的切割工具和方法对木材进行切割以满足不同需求，如视频3-10所示。

视频3-10
防腐木面层安装

放线完毕后，安装木龙骨，在指定的点上安装角钢或膨胀螺栓用来固定木龙骨。注意防腐木龙骨平台的基础要准确、坚固。

5. 防腐木板材安装

在已完成的防腐木龙骨上，安装防腐木板材，板材的尺寸及排列方式按照施工图所示安装即可，可使用钉子固定，也可以使用黏结剂黏接，如视频3-10所示。

三、台阶工程施工

台阶是解决地形变化、造园地坪高差的重要手段。建造台阶除了必须考虑机能上及实质上的有关问题外，也要考虑美观与调和的因素。

本任务以某台阶施工为案例，阐述台阶施工的步骤以及施工技术要点和注意的问题，对地形的利用较多，存在高程变化，在入口楼梯处、休息平台、铺地等连接的地方都设置了台阶，其施工流程也大同小异。

工作流程

操作步骤

1. 台阶施工前准备

（1）材料准备　许多材料都可以做台阶，以石材来说就有自然石，如六方石、圆石、鹅卵石及整形切石、石板等。木材则有杉、桧等的角材或圆木柱等。其他材料还包括红砖、水泥砖、钢铁等。除此之外还有各种贴面材料，如石板、洗石子、瓷砖、磨石子等。选用材料时要从各方面考虑，基本原则是坚固耐用，耐湿耐晒。此外，材料的色彩必须与构筑物调和。不同的部位使用材料的搭配也不相同，为了准确使用在施工前应按照施工图纸的要求和材料计划表，将所需材料提前搬运到施工现场，分类贮存。

（2）场地清理　台阶施工部位一般都是有较大的高程变化，同时在这些部位经常会由于自身条件和其他施工所致存在很多建筑垃圾或者不利于施工的地形，因此在施工前需要对施工部位进行清理，整理出施工作业面。

（3）场地放线　按照施工图标示的场地上台阶的位置，将台阶的定位线测放到场地上，通常台阶竖向的位置可以以建筑物、景观小品为基准进行高程定位。

2. 台阶施工

视频3-11
台阶工程施工流程

在准备工作完成之后，就要进入台阶的施工阶段了，在台阶施工过程中要严格按照设计图纸的要求进行施工，如视频3-11所示。

台阶的标准构造是踢面高度为8～15cm，长的台阶则宜取10～12cm；台阶的踏面宽度不宜小于28cm；台阶的级数宜在8～11级，最多不超过19级，否则就要在此中间设置休息平台，平台不宜小于1m。

使用实践表明，台阶尺寸以 15cm×35cm 为佳，至少不宜小于 12cm×30cm。

（1）基础施工　确定好台阶的施工位置后，先要对地基基础进行处理，台阶一般施工体量较大，地基处理不当容易产生沉降，尤其在松软的回填土区域，因此在施工前需要对基础进行处理，同时也是为了给台阶施工提供作业平台。

一般的做法是：将松软泥土挖空，回填碎石、灰土等，采用人力、机械方式夯实，对于强度要求较高的可以铺设钢筋网增强基础强度（图 3-13），之后浇筑 100～120mm 厚 C20 混凝土垫层。

图 3-13　台阶基础铺设钢筋网

（2）台阶砌筑　常用的台阶有现浇混凝土浇筑的踏步台阶、机制标准砖砌筑台阶和水泥砂浆砌筑台阶。

在台阶砌筑过程中，需要注意：

1）如果踢板高在 15cm 以下，踏板宽在 35cm 以上，则台阶宽度应为 90cm 以上，踢进为 3cm 以下。

2）踏面需要进行特别的防滑处理。

3）为便于上下台阶，在台阶两侧或中间设置扶栏，扶栏标准高度为 80cm。

视频 3-12 台阶铺设石材切割和打磨

4）台阶附近的照明应保证一定照度。

3. 台阶表面装饰施工

在完成台阶砌筑施工之后，对台阶面层进行装饰施工，按照施工图纸要求的面层材料，黏结已经准备好的花岗岩板材和防腐装饰木，对台阶铺设的石材切割和打磨，如视频 3-12 所示。需要注意的是，在安装前需要对台阶重新进行测量放样，保证预制板材能够和台阶基础尺寸一致，如视频 3-13 所示。

视频 3-13 台阶踏板面层铺设

4. 台阶施工成品保护

台阶施工完成之后，对接缝处要进行处理，对于花岗岩板材缝隙，选择颜色相同或相近的砂浆进行勾缝处理，并将缝隙清洗干净。防腐木与石材的接缝处可以使用砂浆处理，也可以选用适合室外使用的黏结胶。

对于施工完的成品，需要进行保护，有现浇混凝土台阶的需要覆盖塑料薄膜防水、保温。对成品要设置保护提示标志，防止提前上人踩踏等，如图 3-14 所示。

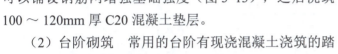

图 3-14　台阶施工保护与清理

【课堂问题导向工作任务】

1）选取空旷训练场地，依据图 3-15 要求铺装范围完成透水砖铺装。

2）根据图 3-15 木平台铺装尺寸完成施工，并记录施工过程。

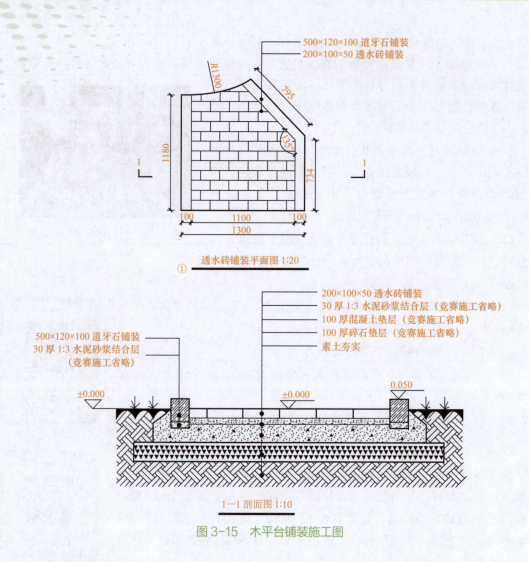

图 3-15 木平台铺装施工图

> **课后练习**

1）施工练习。根据评价标准对课堂练习园路施工作品进行施工整改。
2）实训报告：要求每个小组完成一份任务总结（见实训项目三）。

任务二　广场工程施工

广场铺地是园林景观设计的一个重点，尤其以广场设计表现突出。世界上许多著名的广场都因精美的铺装设计而给人留下深刻的印象，如米开朗基罗设计的罗马市政广场、澳门的中心广场等。研究如何发挥铺装对景观空间构成所起的作用，利用铺装的质地、色彩等来划分不同空间，产生不同的使用效应是非常重要的。

项目三　硬质铺地施工

> 课前自学

一、广场铺装材料的应用

1. 传统材料与新兴材料

传统材料是指古代园林中常用的材料，如石材、鹅卵石、青砖等。这些常见材料在现代园林中依然焕发生命力，且应用领域越来越广泛。经过加工处理后不同色彩和质感的花岗岩板材作为铺装材料，能使整个环境显得整洁、优雅。随着时代发展，新材料不断涌现。近年来，陶瓷制品的新品种不断涌现，园路铺装中应用的陶瓷制品主要有麻面砖、劈离砖等。

陶瓷透水砖由于其铺设的场地能使雨水快速渗透到地下，增加地下水含量，因此在缺水地区应用前景广阔。

混凝土有良好的可塑性和经济实用性等优点，受到使用者的青睐。运用于装饰路面的有彩色混凝土、压印混凝土、混凝土路面砖、彩色混凝土连锁砖、仿毛石砌块等。

2. 科技含量不断提高

技术水平的不断提高极大增强了材料的景观表现力，使现代园林景观更富生机与活力。

压印混凝土又称"强化路艺系统"，是在施工阶段运用彩色强化剂、彩色脱模剂、无色密封剂三种化学原料对未硬化的混凝土进行固色、配色和表面强化处理后得到的一种混凝土，其强度优于其他材料的路面，甚至优于一般的混凝土路面；其图案、色彩的可选择性强，可以根据需要压印出各种图案，产生美观的视觉效果。

与传统沥青路面不同，表面用树脂黏附荧光玻璃珠的沥青路面，在夜晚既有助于行车安全，也为原本平淡的道路增色不少。

随着科技的进步，园林材料种类不断丰富、应用不断拓展是一种必然趋势。园林建设者在选用材料的过程中，一方面要坚持因地制宜、就地取材的基本原则，另一方面要有与时俱进的精神，勇于推陈出新，不断探索和尝试新材料的使用和推广。

二、常见铺地铺装类型

1. 砂砾、碎石铺装（图 3-16）

施工法：在平整的路基上直接铺设砂砾或碎石。

色调：呈使用砂砾或碎石本身的颜色，根据材料可以有较鲜艳的色彩，也可以是较沉稳的色彩，也有各色石粒混合的砂砾。

质感：砂砾或碎石的自然铺设，走起来很舒适。

耐久性：作为维持管理的内容，需要定期补充砂砾或碎石，平整路基等。

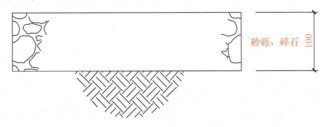

图 3-16　砂砾、碎石铺装示意

63

2. 砖铺装（图3-17）

施工法：这是一种一直沿用下来的铺装做法，在欧洲各地都很常见，用细砂填缝的做法较易修补和修改。

色调：机砖每块颜色都有微妙的变化，呈现特有的烧制色调。

质感：朴素的烧制肌理，细微变化的表面，具有自然厚重之感。不易打滑，接缝的线形也有呈现图案状的组合。

耐久性：有耐盐碱的效果，寒冷地区等也能使用。但是表面耐冲撞较差，较易出现边角缺损的现象。

其他特征：长久被使用的机砖等都具有各自不同的颜色与肌理。

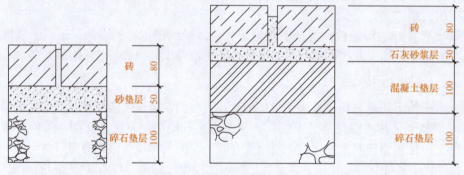

图3-17　砖铺装示意

3. 丙烯酸类树脂铺装（图3-18）

施工法：将带砖缝的模板（厚约2mm）黏贴在基层上，放入材料，并用抹子抹平后，把模板拆掉。材料上使用了丙烯酸类树脂及树脂水泥等，这种铺装也被称为瓷砖状涂刷式树脂饰装。

色调：根据颜料的调配，选择色调。

质感：根据使用材料，其表面质感也呈不同种类，砖缝一般为宽10mm、深2mm的凹槽。

耐久性：表面的保护层为2mm左右，作为涂刷式铺装，其耐久性较强。

其他特征：因为有自由的可变性，在预制模板上可以方便地设计不同的铺砖尺寸的组合。

4. 连锁砌块铺装（图3-19）

施工法：相对较厚的一种混凝土砌块铺装材料，耐磨耐压。不同的铺装砖之间的组合能够达到很好的效果，能够组合成多种图案。

色调：通过砖块色彩的变化可以表现出各种各样的色调。

质感：具有混凝土本身特有的质感，又有几何形状复杂的图案组合。表面处理有水刷石或水磨石型，接缝也有直拼型的，走起来稍微有些硬质的感觉。

耐久性：车行道也可使用，具有较强的耐久性。

其他特征：被用作停车线标志的情况也很多。而且使用透水性的材料进行施工的情况也较多。

项目三　硬质铺地施工

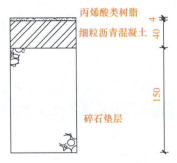

图 3-18　丙烯酸类树脂铺装

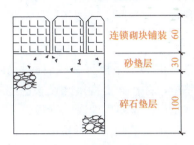

图 3-19　连锁砌块铺装示意

5. 人工草坪铺装（图 3-20）

施工法：指在基层上铺设人工草坪的一种铺装。有时采用与基层黏接或在透水沥青上铺设人工草坪的透水性铺装等做法。

色调：以绿色系材料为多。

质感：比较不易打滑，能够感受到材质的柔软性。

耐久性：在交通量较多的地方容易损坏。

其他特征：一般多用在网球场等体育场所，道路或广场上使用的例子不是很多。

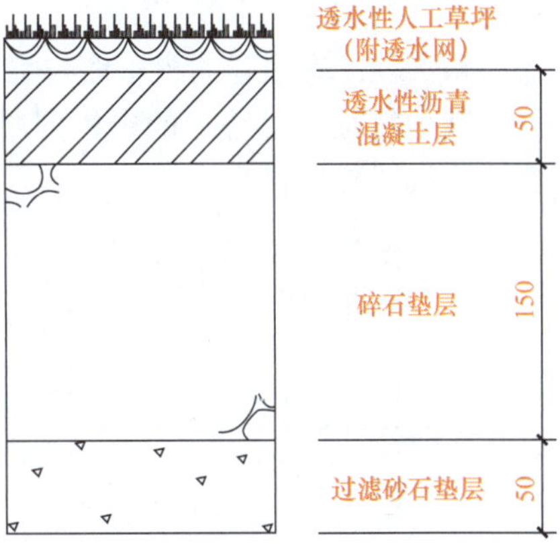

6. 嵌草预制砖铺装

施工法：用有种植物空隙的预制砖通过砂石垫层或干灰土黏接层铺设在路基上的一种铺装，在预制砖的空隙中放入砂质种植土，提供草坪生长的条件。空隙制作在预制砖成型制品上，并通过连续的排列使草坪成片。

色调：预制砖的材料有水泥（白色系），烧制砖（茶色、灰色系）等种类。生长在嵌草预制砖中的绿叶可以很好地减轻太阳光或白色系材料的反光，如果与茶色或灰色系配在一起，会给人一种舒适、放松的感觉。

质感：根据季节、生长状态或修剪程度等管理状况而发生变化，看上去有一种整齐而富有变化的感觉，走起来有一种与草坪相似的柔软感。但是，如果鞋底的长度及步幅与嵌草预制砖不吻合的话，走起来会不舒服。

耐久性：虽然这种预制砖铺装是按照透水性构造设计的，但是因为排水不良，会影响其使用的耐久性。特别是施工工艺采用砂垫层时，因受力不均而引起排水不良导致铺装材料破裂损坏的情况时有发生。预制砖的损坏与踏压、干湿等原因有关，因此施工后特别应该注意保持良好的维护管理。

其他特征：夏季可以缓和硬质铺装的反射光。

图 3-20　人工草坪铺装示意

7. 彩色混凝土铺装（图 3-21）

施工法：用加入颜料进行着色的彩色混凝土进行铺装。

色调：根据颜料来决定色调。

质感：毛刷表面处理或金属抹子等，质感随表面处理方法的不同而改变，走起来有一种坚实之感。

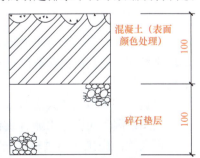

图 3-21　彩色混凝土铺装示意

65

耐久性：与混凝土铺装相同，耐久性较强。

其他特征：与混凝土铺装相同，应设置伸缩接缝。

8. 彩色混凝土板铺装（图3-22、图3-23）

施工法：混凝土平板上做成表面呈砖形的彩色铺装材料。施工时在路基上铺30mm的砂石结合垫层，并在其上直接铺设彩色混凝土平板，也可采用在灰土与砂混合的石灰砂浆混合层上用连结层固定彩色混凝土平板。

色调：使用无机颜料，不易褪色，而且色调也很丰富。

质感：面层平整，表面由各种石粒组成丰富的色彩，同时表面做成凹凸的图案或经过不同工艺的加工，不易打滑。

耐久性：有很强的耐压性与耐磨性。

其他特征：除普通的彩色混凝土平板砖外，还有透水性及缓和反射光、隔热等其他特性的平板铺装材料。

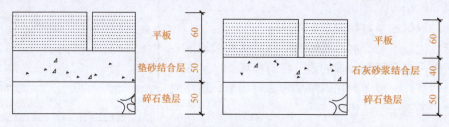

图3-22 彩色混凝土板铺装（人行道）

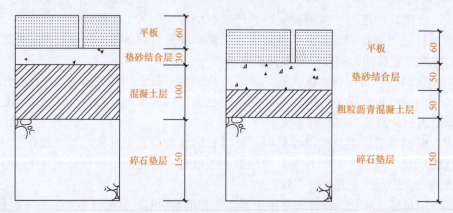

图3-23 彩色混凝土板铺装（车行道）

9. 水刷石混凝土板铺装

施工法：在混凝土平板的表面贴上天然鹅卵石或石子，在混凝土还未完全硬化时，用水洗刷表面，使其露出卵石或石子，创造出如同大自然中的石质美感。施工法与混凝土彩色平板铺装相同。

色调：完全自然的天然卵石或石子的色调。

质感：因为表面露出卵石或石子，看上去、走上去都有一种凹凸变化的自然之感。

耐久性：施工后经过较长一段时间的使用后，石粒也会出现剥落的现象，而且会从此处不断扩大。如果排水沟的边缘采用这种做法，石粒间的黏接混凝土等较容易被磨损。

其他特征：步行时的感觉十分舒适，但是对于鞋跟较高的步行者来说，走起来时也会有一些负面的效果，所以说施工的场所一定要充分考虑。

10. 水刷石混凝土铺装（图3-24）

施工法：在混凝土还没有完全硬化时冲洗其表面，使混凝土内的石粒出露的一种面层处理铺装。

色调：通过使用不同颜色的骨料，使其呈鲜艳或朴素的色调。

质感：可以从表面直接看到骨料的自然质感，随着骨料的大小和形状的不同，其表面肌理也不一样，走上去感觉较坚硬。

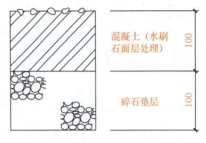

图3-24　水刷石混凝土铺装

耐久性：与混凝土铺装相同，耐久性较强。有时也会发生局部面层骨料脱落的现象。

11. 水磨石板铺装

施工法：用花岗岩或大理石等天然石材为主要材料，通过表面处理（如磨切等工艺）制成平板，施工工艺与混凝土彩色板相同。

色调：表面有光泽，具有天然石材的色调。

质感：质感与表面石材的构质有很大关系，有绚丽的色泽，也有凹凸不平的面层设计，给人以豪华之感。

耐久性：与混凝土板具有相同的耐久性。

其他特征：因为表面遇水时易打滑，使用的场所需要十分注意。作为室内铺装材料最为适合。

12. 不规则石板铺装（图3-25）

施工法：以混凝土为基层，用石灰砂浆黏接不规整石板的铺装工艺。石板的材质多种多样。

色调：比单一的石材有更多的选择余地。同时可以利用不同色调的石板进行配色组合。

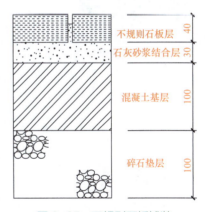

图3-25　不规则石板铺装

质感：根据石板的材质与表面加工程度的不同，石板的质感可以从凹凸细微变化的表面到较为平滑的表面进行自由选择。走起来有一种坚硬感。

耐久性：耐久性较强，如果用厚2~3cm的石板，有时会发生部分剥落的现象。

其他特征：如果石板的厚度达到一定程度，可以省略混凝土基层。

13. 镶拼地面铺装（图3-26）

施工法：以混凝土为基层，用石灰砂浆黏接小方琢石、砾石、卵石、陶瓦片等组合成图案。

色调：根据不同的材料，可以自由选择材料的色彩及配色。

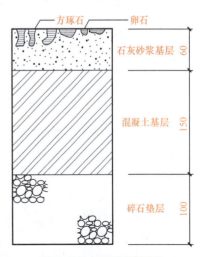

图3-26　镶拼地面铺装

质感：根据材质与设计的图案，可以自由选择细微凹凸变化的做法，同时也可以选择平滑有光泽的石材铺装。

耐久性：作为步行道的铺装，可称之为耐久性强，但是会出现部分石材因长时间使用而局部剥落的现象。

其他特征：中国古典园林比较常用。

14. 拼埋铺装

施工法：以混凝土为基层，在石灰砂浆或混凝土表面拼埋有一定间距铺装材料。

色调：根据拼埋的材料，可以自由选择色调与配色。

质感：小石子露出表面，无论是看上去还是走起来都有一种凹凸不平的感觉，充满着自然的氛围。

耐久性：与混凝土铺装类似，耐久性强，如果交通量不大的话，也可作为车行道。石块等使用的材料较小时，容易发生局部剥落的现象。

其他特征：与混凝土铺装相同，需要设置伸缩缝。

课中学习

一、花岗岩板材施工

工作流程

铺地施工前准备 → 铺地垫层施工 → 铺地基层施工 → 铺地面层施工

操作步骤

1. 铺地施工前准备

（1）材料准备

1）铺地的基层材料有碎石、混凝土、毛石等，面层材料有花岗岩、预制混凝土砌块、黄锈石等。在施工前需要进行材料的准备。

需要注意的是：在选购材料时，充分考虑选货及订货的时间周期，其品种、色彩、质地、规格应符合设计要求，所有板材需色泽均匀，无明显杂色，由设计单位与甲方检查 $2m^2$ 以上大料后确定。甲方、设计单位和施工单位在确定的样品上签字封样后方可下达订单。

2）所有异形板材按大样图应在工厂定制后现场拼接。严禁以直代曲，充分考虑加工时间，施工时严格按设计要求施工。异形板材拼接时，在遇到边角拼接无法整合情况时，应根据现场尺寸进行裁切，如边角大样大于标准板 1/2 面积时则重新裁板，其他情况则加长标准板，切忌边角板材小于标准板 1/2 面积。

3）石质材料要求强度均匀抗压强度 >30MPa；卵石要求细滑、耐磨、光面、清洁。石质材料加工要求平、直、通、角棱角无损。光面标准分为四级：一级为凿子光，要求糙、平凿痕均衡，深度 5mm 以内；二级为粗斩光，斩齐匀称，残凿痕浓度在 2.5mm 以内；三级为细斩光,剁齐匀细,清除凿痕;四级为磨光,磨光板磨光度需达到80度以上,必须机器磨光。

(2)场地放线 按照铺地设计图绘制施工坐标方格网确定铺地范围,将所有坐标点测设在场地上并打桩点。然后以桩点为准,根据铺地设计图,在场地地面上放出场地边线,主要地面设施的范围线和挖方区、填方区之间的零点线。

(3)地形复核 对照铺地竖向设计图,复核场地地形。各坐标点、控制点的自然地坪标高数据,有缺漏的或不准确的需要及时补漏。

2. 铺地施工

1)垫层施工。平整场地,用蛙式打夯机夯实,混凝土充分搅拌后进行浇筑垫层,如视频3-14所示。

2)基层施工。检查基层的平整度和标高是否符合设计要求,偏差较大的事先凿平,并将基层清扫干净。

视频3-14
混凝土搅拌

3)找平、弹线。用1∶2.5的水泥砂浆找平,作水平灰饼,弹线、找中、找方。施工前一天洒水湿润基层。

4)试拼、试排、编号。花岗岩在铺设前对板材进行试拼、对色、编号整理。

5)铺设。弹线后先铺几条石材作为基础,起标筋作用。铺设的花岗岩事先洒水湿润,阴干后使用。在已经施工完毕的混凝土垫层上均匀地刷一道素水泥浆,用1∶2.5干硬性水泥砂浆做黏结层,根据试铺高度决定黏结厚度。用铝合金尺找平,铺设板块时四周同时下落,用橡胶锤敲实,并注意找平、找直,如有锤击空声,需揭板重新添加砂浆直至平实为止,最后揭板浇一层水灰比为0.5的素水泥浆,再放下板块,用锤轻轻敲击铺平。根据设计图纸进行异型加工,先进行画线再行切割和安装面层,如视频3-15、视频3-16所示。

视频3-15　　　视频3-16
花岗岩面层施工　花岗岩面层切割安装

6)擦缝。待铺设的板材干硬后,用与板材颜色相同的水泥浆填缝,表面用棉丝擦拭干净。

7)养护、成品保护。擦拭完成之后,面层铺盖一层塑料薄膜,减少砂浆在硬化过程中的水分蒸发,增强石板与砂浆的黏结强度,确保地面的铺设质量。养护期为3~5天,养护期禁止上人上车,并在塑料薄膜上再覆盖硬纸垫,以保护成品。

8)花岗岩铺地施工注意事项:

① 在铺设前,应按设计要求,先中心后外缘,先内侧后外侧,根据板材的颜色、花纹、图案、纹理等试拼编号,力争少用非整块板,如必须用非整块板则应将其铺设在不显见的墙根处。

② 板材应先用水浸湿,待擦干或表面晾干后方可使用。

③ 铺设石板、砖应从基准线处开始,第一行石板(砖)必须对准基准线,以后各行紧贴前行铺设。每块石板(砖)铺设时,基层应湿润,并刷一层水泥浆掺胶结合层。然后在铺设处套浆,把干硬性水泥砂浆调和摊铺刮平,将石板(砖)铺贴在水泥砂浆上,必须铺平铺实,如有不平不实,应用橡胶锤进行敲打。石板(砖)拼缝应尽量小,当设计无规定时,拼缝宽度不应大于1mm。边角处不够整板时,应根据边角形状及尺寸,事先将石板(砖)锯割。

去掉不需要部分,再铺贴上去,应紧密贴合,不得有空隙,也不得用碎块去拼凑。

④在实际操作时,干硬性水泥砂浆摊铺刮平后,操作工双手对角握住板材靠身边一侧落地,然后平衡就位。用橡胶锤或木锤在石板(砖)中央 2/3 范围中敲击,严禁敲击石板(砖)四角,击实后的石板(砖)应略高于基准标高线,双手对握同时提起石板(砖)四角移至一旁。在已被击实的结合层上,用盛水器量 1kg 的水,用铁勺子均匀地浇一层纯水泥浆,接着将石板(砖)重新就位,再用锤轻轻敲击石板(砖)中部,边敲边用水平尺检查平整度。用钢直尺和手触摸的办法,检查石板拼缝两侧是否平整,检查石板是否与基准线对齐,如发现不符合要求的,立即纠正。

⑤石板(砖)铺好后第二天开始应适当湿润养护 5～7 天,严禁上人走动、货物重压。

⑥在石板(砖)铺贴第三天后进行嵌缝。先用干净抹布擦净板面,然后用橡皮刮板将水灰比为 0.5 的掺色(与板材同色)水泥浆刮入缝内,要填实刮满。待收水时,再用海绵抹子添浆抹实一遍,最后用过水海绵擦净。再磨光板材面,用不干净抹布擦净。

⑦各种地面施工时应根据技术规范的要求进行,每道工序施工完毕待监理工程师检查合格后方可进行下一工序的施工。

⑧各种地面施工时必须重视原材料质量。过期的、受潮的或者安全性差的水泥严禁使用。采用中粗砂为骨料,含泥量不大于 3%。严格控制黏结砂浆水灰比,其稠度不得大于 3.5cm,并搅拌均匀。面层作业开始前,必须认真清理基层,对基础进行浇水湿润且不得积水。对原作为硬化地坪利用过的基础,必须彻底清除施工过程中的积淀物,尽量使面层结合层砂浆厚薄均匀,避免由于结合层厚度不一,造成凝结、硬化时收缩不均,而产生裂缝、空鼓。

视频 3-17
广场铺装工程施工

【课堂问题导向工作任务】

1)选取空旷训练场地,依据图 3-15 要求铺装范围完成花岗岩铺装。

2)根据视频 3-17 广场施工课堂实训小料石铺装尺寸完成施工,并记录施工过程。

二、洗米石工程施工

洗米石工程是利用自然石作为核心骨料,路面凸显自然石美丽的颜色和纹理,使透水路面同自然景观完全融为一体,且不同的自然石的搭配,使路面效果丰富,简约大气且温暖雅致,玲珑怡人。又因自然石优秀的耐久性,使此种路面越是经历自然使用越是显现出自然石的美丽。使用自然石子,用特殊工艺把表面的水泥浆洗掉还原石子原来的颜色与模样,比较适合建筑物的外围、小路、广场等。

工作流程

施工前准备工作 → 分隔条安装 → 石子选配 → 铺设前准备 → 铺设面层 → 清洗 → 养护

视频 3-18
洗米石施工全过程

操作步骤

洗米石工程施工全过程包括以下内容,如视频 3-18 所示。

1. 施工前准备工作

基层地面应做好 20mm 砂浆结合层,要求地表面坚实清洁、平整度好。施工前一天浇水润透。在实际施工中洗米石铺装面积不宜过大,否则需要设置施工缝防止冷热交替造成地坪开裂。

2. 分隔条安装

在结合层上按设计的图案弹出分隔条位置线，再用水泥素浆做成八字斜坡定位黏牢分格条（分格条为铜条或玻璃条）。分格条高约10mm，黏结时要求定位准确、镶嵌牢固、接头严密。分格条相交处不可抹八字浆，以免石碴无法入缝。分格条镶嵌好后，隔半天浇水养护两天，如图3-27所示。

图3-27 洗米石分隔条安装及施工

3. 石子选配

石子选配，就是选择用来跟水泥搅拌的彩色石子。一般选择的石子尺寸大小分为大八厘、中八厘、小八厘。水磨石一般用"大八厘"，水刷石一般用"中八厘"或"小八厘"。大八厘粒径为8mm、中八厘粒径为6mm、小八厘粒径为4mm。彩色洗米石应先按配合比将白水泥和颜料反复干拌均匀，拌完后密筛多次，使颜料均匀混合在白水泥中，并调足供补浆用的备用量，最后按配合比与石米搅拌均匀，并加水搅拌。

4. 铺设前准备

铺洗米石面层前一天，洒水湿润基层。将分格条内的积水和浮砂清除干净，并涂素刷水泥浆一遍，水泥品种与石子浆的水泥品种一致，尽量选择32.5及以上标号水泥。随即将水泥石子浆先铺在分格条旁边。

5. 铺设面层

在镶嵌好分格条结合层上，薄薄抹一层水泥素浆，然后将拌匀的石碴浆（体积配比为水泥:石碴 =1:1.5）由分格条开始逐渐向格条中心铺灌。用铁抹子由中间向四周推压抹平，压实后高出分格条1～2mm。再均匀撒一层石碴，用滚筒模竖碾压至出浆为止。石子浆面层稍收水后，用铁抹子把石子浆满压一遍，把露出的石子尖棱拍平，其目的是通过拍打过程，使石子大面朝外，达到表面排列紧密均匀的效果。

施工中要注意：

1）轻轻抹平压实，以保护分格条，然后再整格铺抹，用木抹子或铁抹子抹平压实，但不应用压尺平刮。面层应比分格条高5mm左右，如局部石子浆过厚，应用铁抹子挖去，再将周围的石子浆刮平压实，对局部水泥浆较厚处，应适当补撒一些石子，并压平压实，要达到表面平整，石子分布均匀。

2）检查石粒均匀（若过于稀疏应及时补上石子）后，再用铁抹子抹平压实，至泛浆为止。要求将波纹压平，分格条顶面上的石子应清除掉。

3）在同一平面上如有几种颜色图案时，应先做深色，后做浅色。待前一种色浆凝固后，再抹后一种色浆。两种颜色的色浆不应同时铺抹，避免串色。但间隔时间不宜过长，一般可隔日铺抹。最后用滚筒压平，铺好后拍平，表面滚筒压实，待出浆后再用抹子抹平面。

6. 清洗

水泥石子浆开始初凝时，即表面略微发黑，手指按上去无指痕，用水枪洗去表面黏合物，初次清洗要露出石米，对于低凹及不平地方用素水泥砂浆修补拍平，待水泥石子浆初凝再进行清洗。如果面层过了喷刷时间，表面水泥已结硬，可用3%～5%稀HCl溶液洗刷，再用水彻底冲洗干净，如图 3-28 所示。

7. 养护

完成后 24 小时洒水养护，养护时间大于 7 天。

三、塑胶铺装工程施工

随着人们生活水平不断提高，对健康消费的需求日益增加，运动的相关设施设备迫切地完善或改善；在各种院校、居民小区采用塑胶铺装。塑胶铺装场地整体性能好，有较强的耐磨性，可满足长时间、高使用频率的需要；有较好的耐压缩性，不会因重压而无法恢复弹性；有较强的耐冲击性，具有强韧的弹性层及缓冲层，可吸收强劲的冲击；表面平坦、黏接性好，可压制水分上升，无起泡、剥离等现象。

图 3-28 清洗面层

工作流程

操作步骤

1. 基础校验

视频 3-19
塑胶铺装工程施工

（1）检查地面基础是否可以施工　检查地面基础的平整度、排水坡度和密实度（水泥基础等级不低于 C20，沥青基础的表面密度和密实度应大于 95%）。施工前，现场必须保持干燥，无水，施工过程如视频 3-19 所示。

（2）统计材料用量　了解工程的数量和内容，统计现场材料，计算材料总量是否足以完成工程量，以便在施工过程中正确搭配和使用材料，不会导致项目结束时材料不足或有较多剩余。

2. 施工前的准备工作

1）收录天气预报资料，掌握整个施工期间当地中短期气象信息，及时调整施工安排，确保铺装工作的质量、进度不受气候温度空气湿度的影响。

2）组织全体铺装人员认真熟悉图纸了解设计意图。

3）为减少施工接缝、保证路面平整美观，人员配齐，力争施工平顺。

4）为保证铺设质量及工艺，每个工序除正常配备之外，另配 1～2 名质检及复检员。

3. 防水施工

在混凝土基础表面涂刷一层高分子防水涂料，其作用是防止地下水汽上升而造成面层离层，填补平整基础表层，减少积水区域的产生，同时提升混凝土层与黑色弹性胶粒的黏合力。

4. 胶粒底层摊铺

做好防水处理后一般要求分两次施工进行胶粒摊铺，以 13mm 厚防水层为例：底层 8mm 橡胶颗粒 + 面层 5mmEPDM（三元乙丙橡胶）颗粒。首先进行黑色弹性胶粒底层摊铺，采用耙子、抹子等工具将橡胶颗粒摊平。注意以下 5 个方面：

1）根据当日的铺装面积计成所需半成品，并将所需材料（包括甲组份、黑胶粒，催化剂）及机具全部摆放于施工地点。

2）检查机具、电路，尤其是度量衡工具的准确性。

3）在摊铺之前，将道路表面打扫清洗干净，尤其要认真检查道路表面是否有土建工程滴漏的水泥砂浆及摊铺机漏油造成的油污。

4）黑色弹性胶粒层：防水层涂布后，经检查确认达到要求，即开始摊铺黑色胶粒底层。将环保型黑色高弹性橡胶粒、高强度环保交联剂、各种助剂混合，倒入搅拌机搅拌均匀后，将搅拌均匀的胶料装进摊铺机进行摊铺，底层摊铺 10～11mm 厚，用专用工具平整、压实。完成后平整度用 3m 直尺进行测量，平整度误差在 1mm 内，误差面积之和不超过总面积的 5%。

5）二十四小时常温硫化养护：其作用是增强面层弹性、对场地进行找平和解决因混凝土起沙不能铺设 PU（聚氨基甲酸酯）塑胶的问题。养护期间表面不得放置任何东西，一定要保持表面的干净、干燥，不得有行人或机动车辆在上面行走。

5. 塑化

在进行塑胶面层橡胶颗粒物铺设前，先进行塑胶塑化。塑化过程是注射成型的准备过程，即塑料在料筒内经加热熔融而达到流动状态，具有良好的可塑性的过程，如图 3-29 所示。工艺流程是将粒状或者粉状塑料从注塑机的料斗送进加热的料筒，经加热融化呈流动状态后，再由柱塞或螺杆推动，通过料筒端部的喷嘴注入桶中以备塑胶铺设。

图 3-29　塑胶塑化

6. 塑胶面层喷涂

1）弹性胶粒层固化成型后方可表面进行喷涂（一般情况下可在第二天进行）。

2）面层喷涂前须对弹性胶粒层进行检查。检查有无松散的弹性胶粒层，对松散区域必须挖除后重新补平。检查弹性胶粒层的平整度，直、弯道及半圆区平整度控制在 ±3mm，对超出范围的要进行挖除后重新补平。

3）进行面层喷涂。首先检查喷涂设备是否运行正常，而后将色浆、胶水和 EPDM 颗粒按比例搅拌均匀后加入喷涂机内进行喷涂，严禁添加苯类溶剂。喷涂一般分 3～4 遍完成，每次喷涂的方向相反，保证面层完成后厚度不小于 3mm。一般地表温度低于 8℃时，不得进行面层喷涂作业。

7. 后期养护

1）塑胶铺装施工 48 小时后，应将地坪彻底清洗干净，污染区域可用中性洗涤剂稀释后用抹布擦洗。

2）清洁地面污水，并在地坪干燥前用干净的布擦拭污水。待地坪干燥后，用专用蜡拖把打蜡。蜡水应均匀涂抹，待地板完全干燥后再涂第二遍。

课后练习

1）施工练习：根据评价标准对课堂练习广场铺装施工作品进行施工整改。

2）实训报告：要求每个小组完成一份任务总结（实训项目四）。

项目四　假山工程施工

职业能力清单

知识要求
- 了解假山材料、置石种类；
- 掌握天然假山理山的方法及结构施工要点；
- 了解塑山施工的工艺流程与技术要点，重点掌握假山结构施工；
- 了解置石的安置和搭配。

技能要求
- 会根据假山施工图挑选假山材料；
- 能熟练掌握假山堆叠技艺并完成天然假山基础的施工；
- 会处理拉底，能进行中层及收顶做脚的施工；
- 会用塑石工艺进行假山施工。

素质要求
- 学生假山劳动中安全意识的提高；
- 培养学生树立中华传统优秀文化意识和识别假山施工图的审美素质；
- 培养学生在施工中改良假山造型的应变能力；
- 培养学生在天然假山中制作模型的耐心和养成收拾工具和模型废弃物的习惯。

项目学习引言

坚持和发展马克思主义，必须同中华优秀传统文化相结合。只有植根本国、本民族历史文化沃土，马克思主义真理之树才能根深叶茂。作为中国传统工艺艺术、富于文化内涵的假山工程，其施工最大特点就是技艺并重，施工的过程也是再创造的过程，把中华优秀传统文化结合造园打造。本项目重点讲述其中天然假山、塑石假山等工作任务的施工技术。假山施工是最具明显再创造特点的工程活动，具有二次设计、二次创造的特点。在假山施工中，一方面要根据假山设计图进行定点放线，随时控制假山各部分的立面形象和尺寸关系；另一方面还要根据所选用材料的特点，在细部选型和技术处理上有所创造和发展。

任务一　天然假山施工

天然石假山施工是需要施工者具有一定的艺术感和创造能力的工程活动。在从事假山、石景的创作与施工活动中，必须了解和掌握各种类型假山石景的基本特点和园林应用要求。在熟悉其设计形式和作用特点的基础上，再掌握具体的设计方法和施工技巧后，才能真正做好天然假山的施工工作。

课前自学

一、假山的功能

假山具有多方面的造景功能，可以与园林建筑、园路、场地和园林植物组合成富于变化的景致，借以减少人工气氛，增添自然生趣，使园林建筑融汇到山水环境中。因此，假山成为表现中国自然山水园林的特征之一，根据堆叠的目的各有不同，其功能有如下几方面：

1. 构成主景

在采用主景突出的布局方式的园林中，或以山为主景，或以山石为驳岸的水池为主景，整个园子的地形骨架，起伏、曲折皆以此为基础进行变化。例如北京北海公园的琼华岛（今北海之白塔山），采用土石相间的手法堆叠；清代扬州个园的"四季假山"以及苏州的环秀山庄等，在园林中总体布局都是以山为主，以水为辅，景观独特，如图4-1所示。

图 4-1　假山构成主景

2. 划分和组织园林空间

利用假山划分和组织空间主要是从地形骨架的角度，通过障景、对景、背景、框景、夹景等手法灵活运用形成峰回路转、步移景异的游览空间。如苏州拙政园中的枇杷园和远香堂，腰门一带的空间用假山结合云墙的方式划分空间，从枇杷园内通过园洞门北望雪香云蔚亭，又以山石作为前置夹景，就是成功的例子。昆明市区最大的叠石瀑布——月牙塘公园大型叠石瀑布，是对景、障景和划分空间等手法的成功运用，如图4-2所示。

图 4-2　假山构成障景

3. 点缀和装饰园林景色

运用山石小品作为点缀园林空间、陪衬建筑和植物的手段，在园林中普遍运用，尤其以江南私家园林运用最为广泛。以苏州留园为例，其东部庭园的空间基本上是用山石和植物装点的，或山石花台，或石峰凌空，或粉壁散置，或廊间对景，或窗外的漏景。如揖峰轩庭园，在天井中立石峰，天井周围布置山石花台，点缀和装饰了园景。

用山石作驳岸、挡土墙、护坡、花台和石阶等，如图4-3所示。

在坡度较陡的土山坡地常布置山石，以阻挡和分散地表径流，降低其流速，减少水土流失，从而起到护坡作用。如颐和园龙王庙土山上的散点山石等均有此效。坡度更陡的土山往往开辟出自然式的台地，在土山外侧采用自然山石做挡土墙，自然朴实。

利用山石作驳岸、花台、石阶、踏跺等，又具有装饰作用。例如江南私家园林中广泛地利用山石

图4-3 山石驳岸

作花台种植牡丹、芍药及其他观赏植物，并用花台来组织庭园中的游览路线；或与壁山、驳岸相结合，在规整的建筑范围中创造出自然、疏密的变化。广州流花湖公园湖岸小景的建造，是结合湖岸地形高差，以塑石、塑树桩和塑树根汀步组成挡土构筑物，富有观赏性。

4. 作为室内外自然式的家具或器设

利用山石诸如石屏风、石桌、石凳、石几、石榻、石栏、石鼓、石灯笼等家具或器设，既为游人提供了方便，又不怕日晒夜露，并为景观的自然美增色添辉。此外，山石还可用作室内外楼梯、园桥、汀步及镶嵌门、窗、墙等。

二、假山布置技巧

假山布置最根本的法则是"有真为假，做假成真"（《园冶》）。具体要注意以下几点：

1. 山水依存，相得益彰

水无山不流，山无水不活，山水结合可以取得刚柔共济、动静交呈的效果，避免"枯山"一座，形成山环水抱之势。苏州环秀山庄，山峦起伏，构成主体；弯月形水池环抱山体西、南两面，一条幽谷山涧，贯穿山体，再入池尾，是山水结合成功的佳例。

2. 立地合宜，造山得体

在一个园址上，采用哪些山水地貌组合单元，都必须结合相地、选址，因地制宜，统筹安排。山的体量、石质和造型等均应与自然环境相互协调。例如，一座大中型园林可造游览之山，庭园多造观赏的小山。

3. 巧于因借，混假于真

按照环境条件，因势利导，依境造山。如无锡的寄畅园，借九龙山、惠山于园内，在真山前面造假山，竟如一脉相贯，取得"真假难辨"的效果。

4. 宾主分明，"三远"变化

假山的布局应主次分明，互相呼应。应先定主峰的位置，后定次峰和配峰。主峰高耸、浑厚，客山拱伏、奔趋，这是构图的基本规律。画山有所谓"三远"。宋代郭熙《林泉高致》

中说："山有三远，自山下而仰山巅，谓之高远；自山前而窥山后，谓之深远；自近山而望远山，谓之平远。"苏州环秀山庄的湖石假山，并不是以奇异的峰石取胜，而是从整体着眼，巧妙地运用了三远变化，在有限的地盘上，叠出逼真似自然的山石林泉。

5. 远观山势，近看石质

这里所说的"势"，是指山水的轮廓、组合和所体现的态势。"质"指的是石质、石性、石纹、石理。叠山所用的石材、石质、石性须一致；叠时对准纹路，要做到理通纹顺。好比山水画中，要讲究"皴法"一样，使叠成的假山，符合自然之理，做假成真。

6. 树石相生，未山先麓

石为山之骨，树为山之衣。没有树的山缺乏生机，给人以"童山""枯山"的感觉。叠石造山有句行话"看山先看脚"，意思是看一个叠山作品，不是先看山堆叠如何，而是先看山脚是否处理得当，若要山巍，则需脚远，可见山脚造型处理的重要性。

7. 寓情于石，情景交融

叠山往往运用象形、比拟和激发联想的手法创造意境，所谓"片山有致，寸石生情"。扬州个园的四季假山，即是寓四时景色于一园的。春山选用石笋与修竹象征"雨后春笋"；夏山选用灰白色太湖石叠石，并结合荷、山洞和树荫，用以体现夏景；秋山选用富于秋色的黄石，以象征"重九登高"的民情风俗；冬山选用宣石和蜡梅，石面洁白耀目，如皑皑白雪，加以墙面风洞之寒风呼啸，冬意更浓。冬山与春山，仅一墙之隔，墙开透窗，可望春山，有"冬去春来"之意。可见，该园的叠山耐人寻味，立意不凡。

课中学习

工作流程

操作步骤

1. 施工准备工作（视频4-1）

（1）制定施工计划　施工计划是保证工程质量的前提，它主要包括以下内容：

1）读图。熟读图纸是完成施工的前提，但由于假山工程的特殊性，它的设计很难完全到位，一般只能表现山形的大体轮廓或主要剖面。为更好指导施工，设计者大多同时做出模型。又由于石头的奇形怪状，不易掌握，因此全面了解设计内容和设计者的意图是十分重要的。

视频4-1
施工准备和基础施工

2）察地。施工前必须反复详细地勘察现场。其主要内容为：

①看土质、地下水位，了解基地土允许承载力，以保证山体的稳定。

②看地形、地势、场地大小、交通条件、给水排水的情况及植被分布等，以决定采用的施工方法，如施工机具的选择、石料堆放及场地安排等。

③相石。对已有山石的种类、形状、色彩、纹理、大小等进行观察，以便根据山体不同部位的造型需要统筹安排，做到心中有数。

从一般掇山所用的材料来看，假山的石材可以概括为如下几大类，见表4-1。

表4-1　山石的种类

山石种类		产地	特征	园林用途
湖石	太湖石	江苏太湖	质坚石脆，纹理纵横，脉络显隐，沟、缝、穴、洞遍布，色彩较多，为石中精品	掇山、特置
	房山石	北京房山	石灰暗，新石红黄，日久变灰黑色、质韧，也有太湖石的一些特征	掇山、特置
	英石	广东英德	质坚石脆，淡青灰色，扣之有声	岭南一带掇山及几案品石
	灵璧石	安徽灵璧	灰色清润，石面坳坎变化，石形千变万化	山石小品，盆品石
	宣石	安徽宁国	有积雪般的外貌	散置、群置
黄石		产地较多，常熟、常州、苏州等地皆产	体形顽劣，见棱见角，节理面近乎垂直，雄浑沉实	掇山、置石
青石		北京西郊	多呈片状，有交叉互织的斜纹理	掇山、筑岸
石笋	白果笋	产地较多	外形修长，形如竹笋	常作独立小景
	乌炭笋			
	慧剑			
	钟乳石			
其他类型		各地	随石类不同而不同	掇山、置石

（2）劳动组织　假山工程是一门需要造景技艺的工程。我国传统的叠山艺人，多有较高的艺术修养。他们不仅能诗善画，对自然界山水的风貌亦有很深的认识。他们有丰富的施工经验，有的还是叠山世家。一般由他们担任师傅，组成专门的假山工程队，另外还有石工、起重工、泥工、壮工等，人数不多，一般8～10人为宜。他们多为一专多能，能相互支持，密切配合。

（3）施工材料与工具准备

1）假山辅助材料指堆叠假山所用的辅助材料。假山施工会在叠山的过程中需要消耗的一些结构性材料，如水泥、石灰、砂石及少量颜料等。

①水泥：在假山工程中，水泥需要与砂石混合，配成水泥砂浆和混凝土后再使用。

②石灰：在古代，假山的胶结材料就是以石灰浆为主，再加进糯米浆使其黏合性能更强。而现代的假山工艺中已改用水泥作胶结材料，石灰则一般是以灰粉和素土一起，按3:7的配合比配制成灰土，作为假山的基础材料。

③砂石：在配制假山胶结材料时，应尽量用粗砂。粗砂配制的水泥砂浆与山石质地要

接近一些，有利于削弱人工胶合痕迹。假山混凝土基础和混凝土填充料中所用的石材，主要是直径为 2～7cm 的小卵石和砾石。假山工程对这些石料的质量没有特别的要求，只要石面无泥即可；但以表面光滑的卵石配制的混凝土的和易性较好。

2）假山机械工具。

①吊车：在大型假山工程中，为了增强假山的整体感，常常需要吊装一些巨石，在有条件的情况下，配备一台吊车还是必要的，如图 4-4 所示。如果不能保证有一台吊车在施工现场随时待用，也应做好用车计划，在需要吊装巨石的时候临时性地租用吊车。

②吊称起重架：这种杆架实际上是由一根主杆和一根臂杆组合成的可作大幅度旋转的吊装设备。

③起重绞磨机：在地上立一根杉杆，杆顶用四

图 4-4　吊车吊运假山

根大绳拴牢，每根大绳各由一人从四个方向拉紧并服从统一指挥，既扯住杉杆，又能随时做松紧调整，以便吊起山石后能做水平方向移动。在杉杆的上部还要拴上一个滑轮，再用一根大绳或钢丝绳从滑轮穿过，绳的一端拴吊着山石，另一端再穿过固定在地面的第二滑轮，与绞磨机相连。转动绞磨机，山石就被吊起来了。

3）假山手工工具与材料　下面介绍假山与叠石施工常用的手工操作工具，如图 4-5 所示。

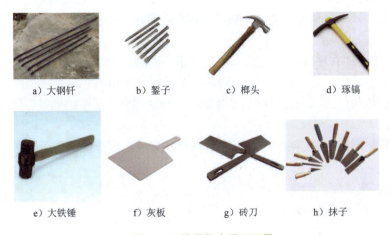

图 4-5　常见假山手工工具

①琢镐（小山子）和铁锤：琢镐是一种丁字形的小铁镐。镐铁一端是尖头，可用来凿击需整形的山石；另一端是扁的刃口，如斧口状，可砍、劈加工山石；其中间有方孔，装有木制镐把。铁锤主要用于敲打修整石形或在稳固山石时对平稳垫片的打刹。最常用的锤是单手锤，应当多准备几把。其次还要准备一个长把大锤，用来敲打大石。

②钢钎和錾子：钢钎用直径 30～40mm，长度 1.0～1.4m 的钢筋，将其下端加工成尖头状，即为大钢钎。大钢钎主要用来撬大石、插洞和做其他工作，一般应准备 2～5 根。錾子也用粗钢筋制作，要准备 4～8 根，每根长 300～500 mm，直径 16～20mm，下端做成尖头。錾子实际上就是小钢钎，在山石上开槽打洞以及撬动山石进行位置微调时都要用到。

③钢丝钳与断线钳：在用铅丝捆扎山石时，要用钢丝钳剪断和扭扎铅丝。在假山完工时，要用断线钳剪除露在山石外面的铅丝。

④竹刷和砖刀：在用水泥砂浆黏合山石之前，需要将山石表面的泥土刷洗干净，竹刷是洗石所必需的工具。竹刷还用于山石拼叠时水泥缝的扫刷，在水泥未完全凝固前扫刷缝口，可以使缝口干净些，形状更接近石面的纹理。砖刀在砌筑山石中用来挑取水泥砂浆，或用来撬动山石进行位置上的微调。

⑤小抹子和镀锌铅丝：小抹子是为山石拼叠缝口抹缝的专用工具。镀锌铅丝一般需要准备8号与10号两种规格的镀锌铅丝，根据假山工程量大小而确定铅丝准备量。铅丝主要用于施工中捆扎固定山石，特别是悬垂在高位的山石。假山完工时，应将露在石面的铅丝全剪除掉。

⑥钢筋夹和支撑棍：用于临时性支撑、固定山石，以方便拼接、叠砌假山石，并有利于做缝。待混凝土凝固后或山石稳固后，要拆除支撑物。

⑦粗绳和脚手架与跳板：用粗麻绳捆绑山石进行抬运或吊装，能够防滑，易打结扣，也很结实。绳子上打结扣既要结紧，又要容易松开，还要不易滑动。吊起的山石越重，则绳扣越抽越紧。随着假山砌筑高度的增加，施工会越来越困难，达到一定高度时，就要搭设脚手架和跳板，才能继续施工。此外，做较大型的拱券式山洞，也必须要有脚手架和跳板辅助操作。

除了以上所述常用的工具和材料以外，一般还要准备一些其他工具或材料，如用来铲土砂和调制水泥砂浆或混凝土的灰铲、装小石垫石的箩筐、装砂运土的簸箕、抬山石的木杠，以及灰桶、铁勺、水管、锄头、铁镐、扫帚、木尺、卷尺、工作手套等。

（4）场地安排

1）保证施工工地有足够的作业面，施工地面不得堆放石料及其他物品。

2）选好石料摆放地，一般在作业面附近，石料依施工用石先后有序地排列放置，并将每块石头最具特色的一面朝上，以便施工时认取。石块间应有必要的通道，以便搬运，尽可能避免小搬运。

3）交通路线安排。施工期间，山石搬运频繁，必须组织好最佳的运输路线，并保证路面平整。

4）保证水、电供应。

5）工期及工程进度安排。

2. 基础施工

假山像建筑一样，必须有坚固耐久的基础，假山基础是指它的地下或水下部分，通过基础把假山的重量和荷载传递给地基。在假山工程中，根据地基土质的性质、山体的结构、荷载大小等不同分别选用独立基础、条形基础、整体基础、圈式基础等不同形式的基础。基础不好，不仅会引起山体开裂破坏、倒塌，还会危及游客的生命安全，因此必须安全可靠。现将常用基础分别介绍如下：

1）灰土基础的施工。

①放线：清除地面杂物后便可放线。一般根据设计图纸作方格网控制，或目测放线，并用白灰划出轮廓线。

②刨槽：槽深根据设计，一般深 50～60cm。

③拌料：灰土比例为 1:3，拌和时注意控制水量。

④铺料：一般铺料厚度 30cm，夯实厚 20cm，基础打平后应距地面 20cm。通常当假山高 2m 以上时，做一步灰土，以后山高 1m，基础增加一步灰土，灰土基础牢固，经数百年亦不松动。

2）铺石基础。常用的有两种，即打石钉和铺石，其构造如图 4-6 所示，当土质不好，但堆石不高时使用打石钉；堆石较高时使用铺石基础，一般山高 2m 砌毛石厚 40cm，山高 4m 砌毛石厚 50cm。

图 4-6 铺石基础的种类

3）桩基。

①条件：当上层土壤松软，下层土壤坚实时使用桩基，在我国古典园林中，桩基多用于临水假山或驳岸。

②类型：桩基有两种类型，一种为支撑桩，当软土层不深，将桩直接打到坚土层上。另一种是摩擦桩，当坚土层较深，这时打桩的目的是靠桩与土间的摩擦力起支撑作用。

③桩材要求：做桩材的木质必须坚实、挺直，其弯曲度不得超过 10%，并只能有一个弯。园林中常见桩材为杉、柏、松、橡、桑、榆等。其中以杉、柏最好。桩径经常用 10～15cm，桩长由地下坚土深度决定，多为 1～2m。桩的排列方式有：梅花桩（5 个/m²）、丁字桩和马牙桩，其单根承载重量为 15～30t。其构造如图 4-7 所示。

④填充桩（亦称石灰桩）。填充桩是指用石灰桩代替木桩。做法是先将钢钎打入地下一定深度后，将其拨出，再将生石灰或生石灰与沙的混合料填入桩孔，捣实而成。石灰桩的作用是当生石灰水解熟化时，体积膨大，使土中孔隙和含水量减少，达到提高土壤承载力，加固地基的作用，这样不仅可以节约木材，又可以解木柱易腐烂之弊。

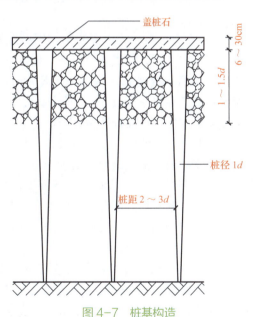

图 4-7 桩基构造

4）混凝土基础。现今假山多采用混凝土基础。当山体高大，土质不好或在水中，岸边堆叠山石时使用。这类基础强度高，施工快捷，基础深度是依叠石高度而定，一般为 30～50cm，常用混凝土标号为 C25，配比为水泥:砂:卵石 =1:2:4。基宽一般各边宽出山体底面30～50cm，对于山体特别高大的工程，还应做钢筋混凝土基础（图4-8）。

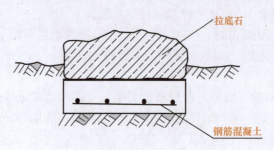

图4-8 钢筋混凝土基础示意图

3. 山石材料的选用

山石的选用是假山施工中一项很重要的工作，其主要目的就是要将不同的山石选用到最合适的位点上，组成最和谐的山石景观，如视频4-2所示。

（1）山石材料的选用　选石工作在施工开始直到施工结束的整个过程中都在进行，需要掌握一定的识石和用石技巧。

选石的步骤：

1）首选石：主峰或孤立小山峰的峰顶石、悬崖崖头石、山洞洞口用石。选到后分别做上记号，以备施工到这些部位时使用。

2）次选石：选留假山山体向前凸出部位的用石，和山前山旁显著位置上的用石、以及土山山坡上的石景用石等。

3）重点石：将一些重要的结构用石选好，如长而弯曲的洞顶梁用石、拱券式结构所用的券石、洞柱用石、峰底承重用石、斜立式小峰用石等。

（2）山石尺度选择　假山施工开始时，对于主山前面比较显眼位置上的小山峰，要根据设计高度选用适宜的山石，一般应当尽量选用大石。在山体上的凸出部位或是容易引起视觉注意的部位，也最好选用大石。而假山山体中段或山体内部以及山洞洞墙所用的山石，则可小一些。大块的山石中，墩实、平稳、坚韧的还可用作山脚的底石，而石形变异大、石面皱纹丰富的山石则应该用于山顶作压顶的石头。

（3）石形的选择　从假山自下而上的构造来分，可以分为底层、中腰和收顶三部分，这三部分在选择石形方面有不同的要求。假山的底层山石位于基础之上。这一层山石对石形的要求主要应为顽夯、墩实形状。选一些块大而形状高低不一的山石，可以适应在山底承重和满足山脚造型的需要。

（4）山石皱纹选择　在假山选石中，要求同一座假山的山石皱纹最好要同一种类，如采用了折带皱类山石的，则以后所选用的其他山石也要是如同折带皱的。只有统一采用一种皱纹的山石，假山整体上才能显得协调完整，可以在很大程度上减少杂乱感，增加整体感。

（5）石态选择　在山石的形态中，形是外观的形象，而态却是内在的形象，形与态是一种事物的两个无法分开的方面。山石的一定形状，总是要表现出一定的精神态势。瘦长形状的山石，能够给人有骨力的感觉；矮墩状的山石，给人安稳、坚实的印象；石形、皱纹倾斜的，让人感到运动；石形、皱纹平行垂立的，则能够让人感到宁静、安详、平和。

（6）石质选择　影响质地的主要因素是山石的密度和强度。如作为梁柱式山洞石梁、石柱和山峰下垫脚石的山石，就必须有足够的强度和较大的密度。而强度稍差的片状石，就不能选用在这些地方。

（7）山石颜色选择　叠石造山也要讲究山石颜色的搭配。不同类的山石固然色泽不一，而同一类的山石也有色泽的差异。"物以类聚"是一条自然法则，在假山选石中也要遵循协调统一。在假山的凸出部位，可以选用石色稍浅的山石，而在凹陷部位则应选用颜色稍深者。在假山下部的山石，可选颜色稍深的，而假山上部的用石则要选色泽稍浅的。

4. 山石的吊运（视频 4-2）

（1）结绳　山石吊运一般使用长纤维的黄麻绳或棕绳，它们很结实，柔软。绳的直径通常用20mm（8股）、25mm（12股）、30mm（16股）、40mm（18股）。其负荷为200～1500kg，结绳的方法根据石块的大小、形状和抬运的不同需要而定，要求结扣容易，解扣简便。活扣是靠压紧的，因此愈压愈牢固，并不会滑动。

（2）走石　走石多用在施工作业面，当巨大的石块需要找平石面或稍加移动，俗称"走石"。走石用钢撬操作完成，一般钢撬用 ϕ20～40mm 的粗钢打制而成。撬的用法通常有舔撬、叨撬、辗撬等手法，使石块向后、向前或左右移动，如图4-9所示。用撬走石有一定的难度，常需有经验的技工操作。

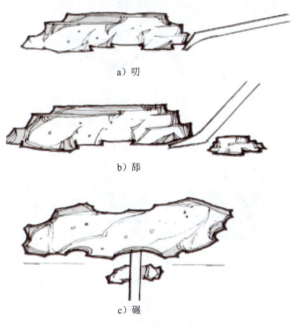

a）叨

b）舔

c）碾

图 4-9　走石示意图

（3）起重

1）人工起重：山石施工现场大多场地狭窄，因此小石块的起重，多用人工抬起或挑起。

2）小秤起重：用两根焊径粗约20cm的杉篙做成小秤，其主力臂与重力臂的比为7:3或8:2。其式样如图4-10a所示。

3）大秤起重：大秤亦用杉篙搭构而成，这种大架秤可放一个或几个秤杆，同时使用、起重量大，其构造如图4-10b所示。

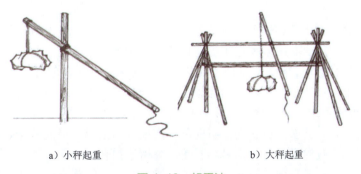

a）小秤起重　　b）大秤起重

图 4-10　起重法

4）三脚架吊链起重：一般用4～8m长，径粗20cm的三根杉篙组成，杉篙的头尾各用铅丝箍牢，在上端50cm处用粗30mm的黄麻绳将三根杉篙按顺序扎牢、拉起，要求底盘成等边三角形，并与地平面成不小于60°夹角，即可系上吊链（俗称手拉葫芦），并在三根杉篙间横向设架，如图4-11所示。

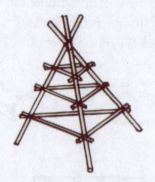
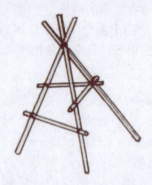

图4-11 三脚架吊链起重法

5）机械起重：一般选用0.5～3.0t的汽车吊车较为合适。它可以在直径30m范围内拖运石块，在直径15m内起吊石块，如视频4-3所示。

6）运输：运石最重要的是防止石块破损，特别是对于一块珍贵的石材，则更为重要。

5. 山体的堆叠

一般堆山常分为：拉底、起脚、做脚、中层、收顶五部分，如视频4-4所示。

视频4-3 假山山石吊装　　视频4-4 假山山体堆叠

（1）拉底　拉底，就是在山脚线范围内砌筑第一层山石，即做出垫底的山石层。

1）拉底的方式。假山拉底的方式有满拉底和周边拉底两种。

① 满拉底，就是在山脚线的范围内用山石满铺一层。这种拉底的做法适宜规模较小、山底面积也较小的假山，也用在北方冬季有冻胀破坏地方的假山。

② 周边拉底，则是先用山石在假山山脚沿线砌成一圈垫底石，再用乱石碎砖或泥土将石圈内全部填起来，压实后即成为垫底的假山底层。这一方式适合基底面积较大的大型假山。

2）山脚线的处理。拉底形成的山脚边线也有两种处理方式。其一是露脚方式，其二是埋脚方式。

① 露脚，即在地面上直接做起山底边线的垫脚石圈，使整个假山就像是放在地上似的。这种方式可以减少一点山石用量和用工量，但假山的山脚效果稍差一些。

② 埋脚是将山底周边垫底山石埋入土下约20cm深，可使整座假山仿佛像是从地下长出来的。在石边土中栽植花草后，假山与地面的结合就更加紧密，更加自然了。

3）拉底的技术要求。在拉底施工中，首先要注意选择适合的山石来做山底，不得用风化过度的松散的山石。其次，拉底的山石底部一定要垫平垫稳，保证不能摇动，以便于向上砌筑山体。第三，拉底的石与石之间紧连互咬，紧密地扣合在一起。第四，山石之间还是要不规则地断续相间，有断有连。第五，拉底的边缘部分，要错落变化，使山脚线弯曲时有不同的半径，凹进时有不同的凹深和凹陷宽度，要避免山脚的平直和浑圆形状，如视频 4-5 所示。

（2）起脚　在垫底的山石层上开始砌筑假山，就叫"起脚"。起脚石直接作用于山体底部的垫脚石，它和垫脚石一样，都要选择质地坚硬、形状安稳实在，少有空穴的山石材料，以保证能够承受山体的重压。

视频 4-5
假山山体拉底

除了土山和带石土山之外，假山的起脚安排是宜小不宜大，宜收不宜放。起脚一定要控制在地面山脚线的范围内，宁可向内收一点，也不要向山脚线外突出，这就是说山体的起脚要小，不能大于上部分准备拼叠造型的山体。即使因起脚太小而导致砌筑山体时的结构不稳，还有可能通过补脚来加以弥补。如果起脚太大，以后砌筑山体时造成山形臃肿、呆笨、没有一点险峻的态势时，就不好挽回了。到时要通过打掉一些起脚山石来改变臃肿的山形，就极易将山体结构震动松散，造成整座假山的倒塌。所以，假山起脚还是稍小点为好。起脚时，定点、摆线要准确。先选到山脚突出点的山石，并将其沿山脚线先砌筑上，待多数主要的凸出点山石都砌筑好了，再选择砌筑平直线、凹进线处所用的山石。这样，既保证了山脚线按照设计而成弯曲转折状，避免山脚平直的毛病，又使山脚突出部位具有最佳的形状和最好的皴纹，增加了山脚部分的景观效果，如视频 4-6 所示。

视频 4-6
假山工程山体的起脚

（3）做脚　做脚，就是用山石砌筑成山脚，它是在假山的上面部分山形山势大体施工完成以后，于紧贴起脚石外缘部分拼叠山脚，以弥补起脚造型不足的一种操作技法。所做的山脚石虽然无须承担山体的重压，但却必须根据主山的上部造型来造型，既要表现出山体如同土中自然生长出来的效果，又要特别增强主山的气势和山形的美感。

假山山脚的造型应与山体造型结合起来考虑，在做山脚的时候就要根据山体的造型而采取相适应的造型，才能使整个假山的造型形象浑然一体，完整且丰满。在施工中，山脚可以做成以下几种形式，如图 4-12 所示。

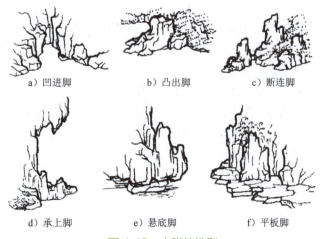

图 4-12　山脚的造型

a）凹进脚：山脚向山内凹进，随着凹进的深浅宽窄不同，脚坡做成直立、陡坡或缓坡都可以。

b）凸出脚：是向外凸出的山脚，其脚坡可做成直立状或坡度较大的陡坡状。

c）断连脚：山脚向外凸出，凸出的端部与山脚本体部分似断似连。

d）承上脚：山脚向外凸出，凸出部分对着其上方的山体悬垂部分，起着均衡上下重力和承托山顶下垂之势的作用。

e）悬底脚：局部地方的山脚底部做成低矮的悬空状，与其他非悬底山脚构成虚实对比，可增强山脚的变化。这种山脚最适于用在水边。

f）平坂脚：片状、板状山石连续地平放山脚，做成如同山边小路一般的造型，突出了假山上下的横竖对比，使景观更为生动。

（4）中层 中层位于基石以上、顶层以下，是观赏的主要部位，此层山石变化多端，山体的各种形态多出自此层。堆叠时要分层进行，用石要掌握重心，挑出的部位要在后面加倍压实，保证万无一失。全山石材要统一，既要相同质地，纹理相通，色泽一致，咬茬合缝，支靠牢固，浑然一体，又要注意层次、进退，有深远感，如视频4-7所示。山石之间的连续方式讲求多种多样，不同的连结方式，形成的山石外观不同，只有手法多变，才能形成丰富的画面。叠石时还应注意的问题有：

视频4-7
假山山中层

1）平稳：平稳是指使石块大面朝上安放平稳。

2）连贯：叠石无论如何错综复杂，石块须相连相接，使上下左右连贯成一体。

3）避磋：避磋即避免闪露出狭小石面，因为它既不能再行叠石，又非常难看。

4）偏安：每置一石，必须要考虑其继续发展的可能。即在下层石面之上，再行叠石必须放于一侧，但要避免连续同侧而安，应有错交之势，以破其平板。

5）避"闸"："闸"就是用板状石块直立地撑托起搭连作用的条石，状如闸板或建筑之柱，造型呆板，应避免使用。

6）后坚：无论挑、拷、悬、垂等，凡有前沉现象者必先以数倍的重力稳压其内侧，将重心回落，方可再行施工。

（5）收顶 收顶即处理假山最顶层的山石。从结构上讲，收顶的山石要求体量大，以便合凑收压。从外观上看，顶层的体量虽不如中层大，但有画龙点睛的作用，因此要选用轮廓和体态都富有特征的山石。

根据岩石地貌类型的不同，常用的收顶方式有三种：

1）峰顶：选竖向纹理好的巨石，作峰石，以造成一峰突起的气势，统揽全局。

2）峦顶：由单块或数块粗犷而略有圆状的石块，组成连绵起伏的山头。

3）流云顶：用于横纹取胜的山体，状头之石有如天空行云。

6. 山体的加固与做缝

（1）加固措施

1）塞。当安放的石块不稳固时，通常打入质地坚硬的楔形石片，使其垫牢，称"打塞"，如视频4-8所示。

2）戗。为保证立石的稳固，沿石块重力的方向的迎面，用石块支撑叫戗，如图4-13所示。

图4-13 戗

3）灌筑。每层山石安放稳定后，在其内部缝隙处，灌筑混凝土（水泥：砂：石子＝1:3:6）、捣固混凝土，使其与山石结为一体。

4）铁活。假山工程中的铁活主要有铁爬钉、铁吊链、铁过梁、铁扁担等，其式样如图4-14所示。

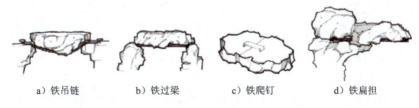

a）铁吊链　　b）铁过梁　　c）铁爬钉　　d）铁扁担

图4-14 铁活固定

铁制品在自然界中易锈蚀，因此这些铁活都埋于结构内部，而不外露，它们均系加固保护措施，而非受力结构。

（2）作缝　把已叠好的假山石块间的缝隙，用水泥砂浆填实或修饰。这一工序从某种意义上讲，是对假山的整容。其做法是一般每堆2～3层，作缝一次。作缝前先用清水将石缝冲洗干净，如石块间缝隙较大，应先用小石块进行补形，再随形做缝。作缝时要努力表现岩石的自然节理，增加山体的皱纹和真实感。作缝时砂浆的颜色应尽力与山石本身的颜色相统一。作缝的材料相传过去使用糯米汁加石灰或桐油加纸筋加石灰，捶打拌和而成，或者用明矾水与石灰捣成浆。如用于湖石加青煤，用于黄石加铁屑盐卤。现代通常用标号C40的混凝土，其水泥与砂的配比为3:7，如堆高在3m以上则用标号C50混凝土。作缝的形式根据需要制成粗缝、光缝、细缝、毛缝等。堆山时还应预留种植穴，处理好排水和防水土流失。

课后练习

1）如何通过现场造型处理设计图纸？
2）假山施工中材料该如何安放？
3）天然假山如何挑选材料？
4）天然假山安装中常用的工具有哪些？
5）实训报告：要求每个小组完成一份任务总结（见实训项目五）。

园林工程施工技术

任务二　塑石假山施工

人造塑山即是指混凝土、玻璃钢、有机树脂等现代材料和石灰、砖、水泥等非石材料经人工塑造而成的假山。人造塑山可节省采石运石工序，造型不受石材限制，体量可大可小。人造塑山具有施工期短和成型快的优点，缺点在于混凝土硬化后表面有细小的裂缝，表面皱纹的变化不如自然山石丰富而且使用期不如石材长。人造塑山一般包括塑山与置石两大类型。

课前自学

一、人造塑山的特点

塑山在园林中得以广泛运用，与其"便""活""快""真"的特点是密不可分的。

"便"指塑山所用的砖、水泥等材料来源广泛，取用方便，可就地解决，无须采石、运石。

"活"指塑山在造型上不受石材大小和形态限制，可完全按照设计意图进行造型。

"快"指塑山的施工期短，成型快。

"真"指好的塑山无论是在色彩还是质感上都能取得逼真的石山效果。

当然，由于塑山所用的材料毕竟不是自然山石，因而在神韵上还是不及石质假山，同时使用期限较短，需要经常维护。

二、人造塑山抹面施工中需要注意的问题

人工塑石能不能够仿真，关键在于石面抹面层的材料、颜色和施工工艺水平。要仿真，就要尽可能采用相同的颜色，并通过精心的抹面和石面裂缝、棱角的精心塑造，使石面具有逼真的质感，才能达到做假如真的效果。

用于抹面的水泥砂浆，应当根据所仿造山石种类的固有颜色，加进一些颜料调制成有色的水泥砂浆。例如，要仿造灰黑色的岩石，可以在普通灰色水泥砂浆中加炭黑，以灰黑色的水泥砂浆抹面。要仿造紫色砂岩，就要用氧化铁红将水泥砂浆调制成紫砂色。要仿造黄色砂岩，则应在水泥砂浆中加入柠檬铬黄。而氧化铬绿和钴蓝，则可在仿造青石的水泥砂浆中加进。水泥砂浆配制时的颜色应比设计的颜色稍深一些，待塑成山石后其色度会稍稍变得浅淡。

石面不能用铁抹子抹成光滑的表面，而应该用木制的砂板作为抹面工具，将石面抹成稍稍粗糙的磨砂表面，才能更加接近天然的石质。石面的皱纹、裂缝、棱角应按所仿造岩石的固有棱缝来塑造。如模仿的是水平的砂岩岩层，那么石面的皱裂及棱纹中，在横的方向上就多为比较平行的横向线纹或水平层理；而在竖向上，则一般是仿岩层自然纵裂形状，裂缝有垂直的也有倾斜的，变化就多一些。如果是模仿不规则的块状巨石，那么石面的水平或垂直皱纹裂缝就应比较少，而更多的是不太规则的斜线、曲线、交叉线。

三、其他人造塑山的施工工艺

1. 砖石塑山施工工艺

首先在拟塑山石土体外缘清除杂草和松散的土体，按设计要求修饰土体，沿土体外开沟做基础，其宽度和深度视基地土质和塑山高度而定。接着沿土体向上砌砖，要求与挡土墙相同，但砌砖时应根据山体造型的需要而变化，如表现山岩的断层、节理和岩石表面的凹凸变化等。再在表面抹水泥砂浆，进行面层修饰，最后着色。

塑山工艺中存在的主要问题：一是由于山的造型、皱纹等的表现要靠施工者手上功夫，因此对师傅的个人修养和技术的要求高；二是水泥砂浆表面易发生皲裂、影响强度和观瞻；三是易褪色。

2. FRP 塑山、塑石施工工艺

FRP 是玻璃纤维强化塑胶（Fiber Glass Reinforced Plastics）的缩写，它是由不饱和聚酯树脂与玻璃纤维结合而成的一种重量轻、质地韧的复合材料。不饱和聚酯树脂由不饱和二元羧酸与一定量的饱和二元羧酸、多元醇缩聚而成。在缩聚反应结束后，趁热加入一定量的乙烯基单体配成黏稠的液体树脂，俗称玻璃钢。下面介绍 191# 聚酯树脂玻璃钢的胶液配方：70%191# 聚酯树脂和 30% 苯乙烯（交联剂）。

然后加入过氧化环已酮（引发剂），占胶液的 4%；再加入环烷酸钴溶液（促进剂），占胶液的 1%。

先将树脂与苯乙烯混合，这时不发生反应，只有加入引发剂后，产生游离基才能激发交联固化，其中环烷酸钴溶液是促进引发剂的激发作用，达到加速固化的目的。

玻璃钢成型工艺有以下几种：

（1）席状层积法　利用树脂液、毡和数层玻璃纤维布，翻模制成。

（2）喷射法　利用压缩空气将树脂胶液、固化剂（交联剂、引发剂、促进剂）、短切玻纤同时喷射沉积于模具表面，固化成型。通常空气压缩机压强为 200～400kPa，每喷一层用辊筒压实，排除其中气泡，使玻纤渗透胶液，反复喷射直至 2～4mm 厚度。并在适当位置做预埋铁，以备组装时固定，最后再敷一层胶底，调配着色可根据需要。喷射时使用的是一种特制的喷枪，在喷枪头上有三个喷嘴，可同时分别喷出树脂液加促进剂；喷射短切 20～60mm 的玻纤树脂液加固剂，其施工程序如下：

泥模制作→翻制模具→玻璃钢元件制作→运输或现场搬运→基础和钢骨架制作→玻璃钢元件拼装→焊接点防锈处理→修补打磨→表面处理，最后罩以玻璃钢油漆。

这种工艺的优点在于成型速度快，薄、质轻，便于长途运输，可直接在工地施工，拼装速度快，制品具有良好的整体性。存在的主要问题是树脂液与玻纤的配比不易控制，对操作者的要求高，劳动条件差，树脂溶剂是易燃品，工厂制作过程中产生有毒气味，玻璃钢在室外强日照下，受紫外线的影响，易导致表面酥化，故此其寿命大约为 20～30 年。

3. GRC 假山造景施工工艺

GRC 是玻璃纤维强化水泥（Glass Fiber Reinforced Cement）的缩写，它是将抗碱玻璃纤维加入低碱水泥砂浆中硬化后产生的高强度复合物。随着时代科技的发展，20 世纪 80 年代在国际上出现了用 GRC 造的假山。它使用机械化生产制造假山石元件，使其具有重量轻、强度高、抗老化、耐水湿，易于工厂化生产，施工方法简便、快捷，成本低等特点，是目

前理想的人造山石材料。用新工艺制造的山石质感和皱纹都很逼真，它为假山艺术创作提供了更广阔的空间和可靠的物质保证，为假山技艺开创了一条新路，使其达到"虽为人作，宛自天开"的艺术境界。

GRC 假山元件的制作主要有两种方法：一为席状层积式手工生产法；二为喷吹式机械生产法。现就喷吹式工艺简介如下。

1）模具制作：根据生产"石材"的种类、模具使用的次数和野外工作条件等选择制模的材料。常用模具的材料可分为软模（如橡胶模、聚氨酯模、硅模等）和硬模（如钢模、铝模、GRC 模、FRP 模、石膏模等）。制模时应以选择天然岩石皱纹好的部位为本和便于复制操作为条件，脱制模具。

2）GRC 假山石块的制作：是将低碱水泥与一定规格的抗碱玻璃纤维以二维乱向的方式同时均匀分散地喷射于模具中，凝固成型。作喷射时应随吹射随压实、并在适当的位置预埋件。

3）GRC 的组装：将 GRC "石块"元件按设计图进行假山的组装。焊接牢固，修饰、做缝，使其浑然一体。

4）表面处理：主要是使"石块"表面具憎水性，产生防水效果，并具有真石的润泽感。

4. CFRC 塑石施工工艺

CFRC 是碳纤维增强混凝土（Carbon Fiber Reinforced Concrete）的缩写。20 世纪 70 年代，英国首先制作了聚丙烯腈基（PAN）碳素纤维增强水泥基材料的板材，并应用于建筑，开创了 CFRC 研究和应用的先例。

CFRC 人工岩是把碳纤维搅拌在水泥中，制成碳纤维增强混凝土，并用于造景工程。CFRC 人工岩与 GRC 人工岩相比较，其耐化学侵蚀（盐类）、耐水性、耐光照能力等方面均明显优于 GRC 人工岩，并具抗高温、抗冻融及抗干湿变化等优点。因此其长期强度保持力高，是耐久性优异的水泥基材料。因此适合于河流、港湾等各种自然环境的护岸、护坡。由于其具有电磁屏蔽功能和可塑性，因此可用于隐蔽工程等，也适用于园林假山造景、彩色路石、浮雕、广告牌等各种景观的再创造。

课中学习

塑石假山就是用雕塑艺术的手法，以天然山岩为蓝本，人工塑造的假山或石块。早在百年前，在广东、福建一带，就有传统的灰塑工艺。20 世纪 60 年代塑山、塑石工艺在广州得到了很大的发展，标志着我国假山艺术发展到一个新阶段，创造了很多具有时代感的优秀作品。那些气势磅礴、富有力感的大型山水和巨大奇石与天然岩石相比，它们自重轻，施工灵活，受环境影响较小，可按理想预留种植穴。因此，它们为设计创造了广阔的空间。塑山、塑石通常有两种做法，一为钢筋混凝土塑山，一为砖石混凝土塑山，也可以两者混合使用。

工作流程

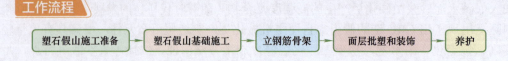

项目四 假山工程施工

> 操作步骤

1. 塑石假山施工准备

（1）技术准备工作

1）因地制宜地制定科学合理的施工方案，依据工程量大小落实塑石技术人员和机械设备，使整个塑石施工有计划、有步骤地进行。

2）塑石假山施工对工艺要求较高，塑石技术人员施工前必须先熟悉施工图样，并与设计师进行沟通，领悟设计的整体轮廓和局部细节。施工中可以采用新技术、新工艺，确保景观的艺术效果，如视频4-9所示。

视频4-9 塑石假山施工流程

（2）材料和设备的选择与准备　按照塑石假山施工图所示，将所需要的材料和设备准备好，如用作骨架的钢筋、焊接机、钢丝网、麻刀灰浆、石膏、面层颜色涂料等。

除常用的施工机具与工具外，应结合塑石假山施工工艺的需要，配备专用的切割机、钢钎、毛刷、喷浆机等工具。

2. 塑石假山基础施工

根据基地土壤的承载能力和山体的重量，经过计算确定其尺寸大小。通常是根据山体的轮廓线，每隔4m做一根钢筋混凝土柱基础，如山体形状变化大，局部柱子加密。

塑石假山的基础采用了混凝土基础，在原有地基基础上通过夯实基础，铺垫碎石垫层，浇筑混凝土基础来加强地基。在一些部位，基础之上堆砌了优选的景观石，作为塑石假山的基础。

3. 立钢筋骨架

立钢筋骨架包括浇注钢筋混凝土柱子，焊接钢骨架，捆扎造型钢筋，盖钢板网等。其中捆扎造型钢筋架和盖钢板网是影响塑山效果的关键环节，目的是为造型和挂泥。钢筋要根据山形做出自然凹凸的变化。盖钢板网时一定要与造型钢筋贴紧扎牢，不能有浮动现象，如图4-15、4-16所示。

图4-15　焊接钢筋

图4-16　盖钢网

4. 面层批塑和装饰

（1）面层批塑　先打底，即在钢筋网上抹灰两遍，材料为水泥、黄泥、麻刀，其中水泥:砂为1:2，黄泥为总重量的10%，麻刀适量。水灰比为1:0.4，以后各层不加黄泥和麻刀。砂浆拌和必须均匀，随用随拌，存放时间不宜超过1小时，初凝后的砂浆不能继续使用，如图4-17所示。

(2) 面层装饰 塑石假山的面层装饰模拟天然石材和天然木纹理的质地，在施工中，应领会设计师意图，按照模拟石材和木纹的颜色，调制涂料，进行装饰。其装饰工作主要有以下几个方面：

1) 皱纹和质感：修饰重点在山脚和山体中部。山脚应表现粗犷，有人为破坏、风化的痕迹，并多有植物生长。山腰部分，一般在1.8~2.5m处，是修饰的重点，追求皱纹的真实，应做出不同的面，强化力感

图4-17 面层批塑

和棱角，以丰富造型。注意层次，色彩逼真。主要手法有印、拉、勒等。山顶一般在2.5m以上，施工时不必做得太细致，可将山顶轮廓线渐收同时色彩变浅，以增加山体的高大和真实感，如视频4-10所示。

2) 着色：可直接用彩色颜料配制，此法简单易行，但色彩呆板。另一种方法是选用不同颜色的矿物颜料加白水泥再加适量的胶粘剂配制而成，颜色要仿真，可以有适当的艺术夸张，色彩要明快，着色要有空气感，如上部着色略浅，纹理凹陷部色彩要深，常用手法有洒、弹、倒、甩，刷的效果一般不好。

视频4-10 假山山体皱纹质感处理

(3) 其他装饰

1) 光泽：可在石的表面涂过氧树脂或有机硅，重点部位还可打蜡。还应注意青苔和滴水痕的表现，时间久了，还会自然地长出真的青苔。

2) 种植池：种植池的大小应根据植物总重量（含塑山施工现场土球）决定，种植池应配筋，并注意留排水孔。给水排水管道最好在塑山施工时预埋在混凝土中，做时一定要做防腐处理。在兽舍外塑山时，最好同时做水池，可便于兽舍降温和冲洗，并方便植物供水。

5. 养护

在水泥初凝后开始养护，要用麻袋片、草帘等材料覆盖，避免阳光直射，并每隔2~3小时洒水一次。洒水时要注意轻淋，不能冲射。养护期不少于半个月，在气温低于5℃时应停止洒水养护，采取防冻措施，如遮盖稻草、草帘、草包等。假山内部钢骨架，老掌筋……一切外露的金属均应涂防锈漆，并以后每年涂一次。

课后练习

1) 塑石假山面层批塑如何确保其长期的坚固、稳定性？

2) 批塑面层常发生龟裂等显现，产生的原因一般是什么？如何能有效避免面层装饰龟裂？

项目五　水景工程施工

职业能力清单

知识要求
- 掌握水池工程的施工流程；
- 掌握驳岸护坡工程的施工工艺；
- 了解喷泉的施工工艺；
- 了解水景综合管线工程的结构。

技能要求
- 能进行水池的基础、结构施工；
- 能结合块石进行驳岸施工处理；
- 能进行喷泉工程的安装调试；
- 会编制水景工程施工方案。

素质要求
- 培养学生以劳动为荣的品德；
- 培养学生在施工中严谨的工作态度；
- 培养学生绿色环保生态意识；
- 培养学生增强民族自信的意识；
- 提高学生对施工安全重要性的认知。

项目学习引言

　　水景的施工涉及建筑结构、给水排水、电气等多个领域的专业知识，设计与施工人员必须掌握相关专业知识，才能营造出一个令人满意的水景。而现今的技术水平的提高使水景建造由传统的园林建筑的配套工程项目，逐渐发展成为相对独立的工程。庭院水景中包含了水池、自然池塘、跌水瀑布、溪流、驳岸及护坡、喷泉等要素，合理的搭配能使得整个庭院充满灵气，空间中经常作为园林构图中心，成为视觉的焦点。水景施工的好坏不仅取决于施工工艺的质量，更取决于施工人员在施工现场能否用艺术眼光去协调水景与周边环境之间的关系。

　　本项目为了充分体现项目任务驱动、实践导向课程思想，以完成水景工程施工项目为导向，以行业标准为尺度，对接绿色生态环保新技术、新工艺，将项目教学目标融入庭院花园水景项目载体中，使学生学习完项目任务后能了解和熟悉水景工程施工操作技术要点。教学中融入的

园林工程施工技术

课程思政元素主要体现在绿色生态的理念，党的二十大指出，我们要加快发展方式绿色转型，实施全面节约战略，发展绿色低碳产业，倡导绿色消费，推动形成绿色低碳的生产方式和生活方式；基本消除城市黑臭水体，提升环境基础设施建设水平，推进城乡人居环境整治。

任务一　刚性水池施工

水景中水池的种类繁多，在空间中经常作为园林构图中心，形成视觉的焦点。一般在广场中心、道路视线焦点和亭、廊、花架、花坛组合形成特色景观，水池的布置形式多样，可规则可自然，有时根据造景的需要在池内种植花草、养鱼。在夜景灯光的搭配下夜间效果更为美妙。

课前自学

一、水池的类型

1. 按池岸的线型种类分

视频5-1
自然式水池

（1）自然式水池　水池池岸线以自然曲线为主。在园林中模拟自然的水面，结合置石、地形、花木种植设计成自然式，水体强调水际线的自然变化，水面收放有致，有着一种天然野趣的意味，多为自然或半自然形体的静水池。人工修建或经人工改造的自然式水体，由泥土、石头或植物收边，适合自然式庭院或乡野风格的景区。一般宜与草皮坡地相连，自然而有情趣，其水池设计都师法自然。在中国许多居住区中也尝试这一类型的园林水池，无不体现人们追求自然优美的环境，如视频5-1所示。

（2）规则式水池　规则式水池的设置应与周围环境相协调，多运用于规则式绿地、城市广场及建筑物的外环境装饰中。水池设置地点多位于建筑物的前方，或绿地的中心，或室内大厅，尤其对于以硬质景观为主的地方更为适宜，并成为景观视觉轴线上的一种重要点缀物或关联体。这类水池的池岸线围成规则的几何图形，显得整齐大方，是现代园林建设中应用越来越多的水池类型，尤其在西方园林中水池大多为规则的长方形。在我国现代园林中，也有很多规则式水池，而规则式水池在广场及建筑物前，能起到很好的装点和衬托作用，如图5-1所示。

水池的大小一般要与园林空间及广场的面积相协调，水池的轮廓与自然地貌及广场、建筑物的轮廓相统一。无论是规则式还是自然式水池都力求造型简洁大方。

图5-1　规则式水池

2. 按照建造的材料分

1）刚性水池：主要由钢筋混凝土和砖石修筑而成。

2）柔性结构水池：以柔性不渗水的材料作为夹层，如玻璃布沥青席水池、三元乙丙橡胶薄膜水池等。

二、水池施工中管线布置

管线的布置，可以结合水池的平面图进行，标出给水管、排水管的位置。上水闸门井平面图要标明给水管的位置及安装方式；如果是循环用水，还要标明水泵及电机的位置。上水闸门井剖面图，不仅应标出井的基础及井壁的结构材料，而且应标明水泵电机的位置及进水管的高程。下水闸门井平面图应反映泄水管、溢水管的平面位置；下水闸井剖面图应反映泄水管、溢水管的高程及井底部、壁、盖的结构和材料。几种水管的作用，如视频 5-2 所示：

视频 5-2
管线综合

1）进水管。供给池中各种喷嘴喷水或水池进水的管道。

2）溢水管。保持池中的设计水位，在水池已经达到设计水位，而进水管继续使用时，多余的水由溢水管排出。

3）泄水管。把水池中的水放回闸门井，或水池需要放干水时（清污、维修等），水从泄水管中排出。

4）补充水管。为补充给水，保持池中水位，补充损失水量。如喷水过程中，水沫飘散、蒸发等，启用补充水管，如图 5-2 所示。

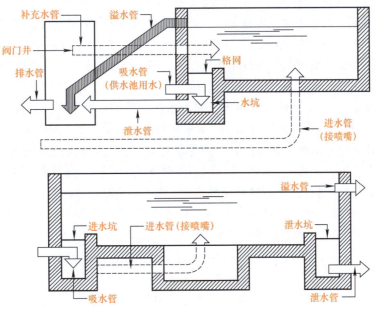

图 5-2 水池管线示意图

水池的进水管与水泵相接，进入水池中。有人工喷泉时，直接进入喷泉总管道。溢水管的高程与设计水位相一致。进水量超过设计水位时，池中水自溢水口流出，以保证设计水位。溢水管从池壁通往下水闸门井中，其在井中的高程应较高。溢水管的个数按水池的平面形状及进水情况决定。泄水管从水池的底部通出，进入下水闸门井。水经沉淀后，被水泵抽出，循环使用，池中的水有进有出，保持动态平衡，水质不变，而沉淀物由排水管排出。泄水管要求管径较大，否则容易堵塞，造成泄水不畅，同时要求进出两管口要有一定的高差。排水管可用瓦管或水泥管，管径应大于 80cm，以便排污。如果进水管中的进水量不能或不能很快达到设计水位时，可用补充水管。补充水管可由附近可利用的水源通往水池。水管管径的大小，可根据水流量、流速等来确定。

三、水池防止漏水，防冻的技术处理

1. 防水处理方法

（1）防水涂料　在池壁和池底钢筋混凝土表面采用 2mm 厚高分子防水层，主要涂抹聚氨酯防水材料，撒绿豆砂。绿豆砂是直径 3mm 左右的碎石，炒热后均匀撒在防水层上然后压入防水层内，可以有效防止防水层热胀冷缩造成开裂。除此之外防水涂料还有丙烯酸酯、JS（聚合物水泥防水材料）等。首先池底分两遍涂刷防水涂料形成防水层，完成后进行试水

视频 5-3 水池防水涂料处理

试验，要求试水合格后方可进入下一步工序。在防水层施工前将基础清理干净，不得有半点浮渣。将搅拌均匀的防水涂料倒在基层表面上，用橡胶刮板均匀涂抹在表面上，接缝搭接一定要大于 10cm 宽。待第一遍干透后，进行第二遍的施工。水池防水工作完成后应进行试水试验。首先封闭管道孔，由池顶放水入池，控制每次进水的高度。从四周上下进行外观检查，做好水位标记，连续观察七天，如果外表面无渗漏、无污水现象视为合格，如视频 5-3 所示。

（2）防水砂浆　在水池壁及池底的表面，抹 20mm 厚的防水水泥砂浆或用水泥砂浆做防水处理。防水水泥浆的比例为水泥:砂 =1:3，并加入水泥重约 3% 的防水剂。用上述方法处理，在砖砌体和混凝土及抹灰质量严格按操作规程施工时，一般能取得较好的防水效果，节约材料，节约工日。

（3）防水混凝土　在混凝土中加适量的防水剂和掺加剂，用它在池底及池壁的表面抹 20mm 厚，能极大地提高水池的抗渗漏性。其中一种是以调整混凝土配合比的办法提高其自身密实度和抗渗性的级配防水混凝土；另一种是在混凝土中掺入少量的加气剂松香酸钠或松香热聚物，在其中产生大量微小而均匀的气泡，以改变毛细管性质来提高混凝土的抗渗漏性能的加气防水混凝土。在施工时必须严格按照有关技术规范和操作规程施工才能达到防水效果。

（4）油毡卷材防水层　水池外包防水，一般采用油毡卷材防水层。方法是在池底干燥的素混凝土垫层或水泥砂浆结合层上浇热沥青，随即铺一层油毡，油毡与油毡之间搭接 5cm，然后在第一层油毡上再浇热沥青，随即铺第二层油毡，最后浇一道热沥青即成。

视频 5-4 水池防水技术

池壁垂直的墙壁，要想做得与底部一样，比较困难，质量得不到保证。设计时，在防水层外面加一层单砖墙，并在水池外壁混凝土灌注之前，先将五层油毡防水层贴在单砖墙上，在打池壁内壁混凝土时将油毡压紧。另外，现在新型的 SBS 等防水材料的应用，极大地提高了防水性能。这种做法较传统，有许多缺点，现正在改进，如视频 5-4 所示。

2. 水池防冻处理

水池防冻处理法一般有下面两种：

1）在水池外侧填入排水性能较好的轻骨料，如矿渣、焦砟或级配砂石等，并解决好地面排水。排水坡度不小于3%。

2）在池壁外增设防冻沟。这条沟既可以防止冻土与池壁接触，又可以排除地面雨水等，还可以用做水池排水。

课中学习

施工的好坏直接决定了水池使用寿命的长短和景观效果，通常根据水池设计的平面图、立面图和剖面图进行施工。水池多为人工挖成，体量小而精致，水源多取人工水源，因此有进出水的管线设施。

工作流程

操作步骤

1. 识读图纸

以某钢筋混凝土刚性水池施工图为例，指出主要施工材料和结构要点。

水池的剖面图反映水池的结构和要求。剖面图从池壁顶部到池基础标明各部分的材料、厚度及施工要求。剖面图要有足够的代表性。如图5-3水池结构施工图，标明各部分的钢筋结构和池壁、池底尺寸标高。地下车库顶板上回填碎石土压实系数不小于0.94。

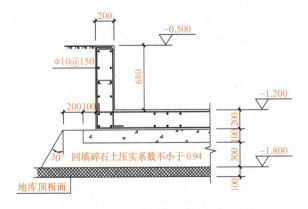

图5-3 水池结构施工图

1）施工池底的基础主要用于场地的找平和稳固，主要在素土夯实的基础上，铺设垫层，根据现场需要一般设置100mm厚的碎石或塘渣垫层，然后是素混凝土层约100mm。

2）池底、池壁主要是钢筋混凝土结构，可以按构造钢筋配Φ10mm圆钢筋，间距离15cm。

2. 施工放线

按照设计平面图用石灰、绳子和卷尺放样。根据设计平面图水池主要是规则的形状，为了施工方便，一般以池外50cm左右开挖。在施工前将设计水池的控制点一一标到地面上并打桩，桩木上要注明桩号和施工标高。标高点根据现场引测的±0.000测定标高，如图5-4所示。

图5-4 水池的放样

3. 挖土方

先去表土，层层下挖，到接近池底时，要根据设计深度要求，使底部符合设计的深度和斜度。主要根据场地条件进行人工开挖或机械开挖。种植水生植物的水池要预留种植台，一般睡莲深约60cm，热带植物深度只要30～35cm即可。

4. 池底基础施工

（1）基土处理技术　当基土为排水不良的黏土，或地下水位甚高时，在池底基础下及池壁之后，应放置碎石，并埋直径10cm的排水管，管线的倾斜度为1%～2%，将地下水导出。若池宽为1.0～2.5m的狭长形水池，则池底基础下的排水管应沿水池的长轴埋于池的中心线下。池底基础下的地面，则向中心线作1%～2%倾斜，池下的碎石层厚10～20cm，壁后的碎石层厚10～20cm。

（2）混凝土池底板施工要点

视频5-5
水池池底钢筋绑扎

1）依情况不同加以处理。如基土稍湿而松软时，可在其上铺以厚10cm的砾石层，并加以夯实，然后浇灌混凝土垫层，如图5-5所示。

2）混凝土垫层浇完隔1～2天（应视施工时的温度而定），在垫层面测量确定底板中心，然后根据设计尺寸进行放线，定出柱基以及底板的边线，画出钢筋布线，依线绑扎钢筋，接着安装柱基和底板外围的模板，如视频5-5所示。

3）在绑扎钢筋时，应详细检查钢筋的直径、间距、位置、搭接长度、上下层钢筋的间距、保护层及埋件的位置和数量，看其是否符合设计要求。上下层钢筋均应用铁撑（铁马凳）加以固定，使之在浇捣过程中不发生变化。

底板应一次连续浇完，不留施工缝。施工间歇时间不得超过混凝土的初凝时间。如混凝土在运输过程中产生初凝或离析现象，应在现场拌板上进行二次搅拌后方可入模浇捣。底板厚度在20cm以内，可采用平板振动器，20cm以上则采用插入式振动器，如图5-6所示。

4）池壁为现浇混凝土时，底板与池壁连接处的施工缝可留在基础上口20cm处。施工缝可留成台阶形、凹槽形、加金属止水片或遇水膨胀橡胶带。

图5-5 浇灌混凝土垫层

图5-6 支模浇筑混凝土

5. 池壁施工

人造规则水池一般采用垂直形池壁。垂直形的优点是池水降落之后,不至于在池壁淤积泥土,从而使低等水生植物无从寄生,同时易于保持水面洁净。垂直形的池壁可用砖石或水泥砌筑,以瓷砖、陶瓷锦砖等饰面。

做水泥池壁,尤其是矩形钢筋混凝土池壁时,首先依据图纸对钢筋进行绑扎,如视频5-6所示。

应先做模板以固定之,池壁厚15~25cm,水泥成分与池底相同。目前分为无撑及有撑两种支模方法。有撑支模为常用的方法。当矩形池壁较厚时,内外模可在钢筋绑扎完毕后一次立好。浇捣混凝土时操作人员可进入模内振捣,并应用串筒将混凝土灌入,分层浇捣,如视频5-7所示。

视频5-6 水池池壁钢筋绑扎

视频5-7 水池混凝土振捣

池壁施工时,固定模板用的铁丝和螺栓不宜直接穿过池壁。当螺栓或套管必须穿过池壁时,应采取止水措施。常见的止水措施和施工注意事项有:

1)螺栓上加焊止水环。止水环应满焊,环数应根据池壁厚度确定。

2)套管上加焊止水环。在混凝土中预埋套管时,管外侧应加焊止水环,管中穿螺栓,拆模后将螺栓取出,套管内用膨胀水泥砂浆封堵。

3)螺栓加堵头。支模时,在螺栓两边加堵头,拆模后,将螺栓沿平凹坑底割去角,用膨胀水泥砂浆封塞严密。

4)在池壁混凝土浇筑前,应先将施工缝处的混凝土表面凿毛,清除浮粒和杂物,用水冲洗干净,保持湿润。再铺上一层厚20~25mm的水泥砂浆。水泥砂浆所用材料的灰砂比应与混凝土材料的灰砂比相同。

5)浇筑池壁混凝土时,应连续施工,一次浇筑完毕,不留施工缝。

6)池壁有密集管群穿过,预埋件或钢筋稠密处浇筑混凝土有困难时,可采用相同抗渗等级的细石混凝土浇筑。

7)池壁上有预埋大管径的套管或面积较大的金属板时,应在其底部开设浇筑振捣孔,以利排气、浇筑和振捣。

8）池壁混凝土结合，应立即进行养护，并充分保持湿润，养护时间不得少于14昼夜。拆模时池壁表面温度与周围气温的温差不得超过15℃。

抹灰在混凝土及砖结构的水池施工中是一道十分重要的工序。常见施工技术主要有：

1）砖壁抹灰施工要点。内壁抹灰前2天应将墙面扫清，用水洗刷干净，并用铁皮将所有灰缝刮一下，要求凹进1.0～1.5cm。应采用强度等级为32.5的普通水泥配制水泥砂浆，配合比1:2，必须称量准确，可掺适量防水粉，拌和要均匀。在抹第一层底层砂浆时，应用铁板用力将砂浆挤入砖缝内，增加砂浆与砖壁的黏结力。底层灰不宜太厚，一般在5～10mm。第二层将墙面找平，厚度5～12mm。第三层面层进行压光，厚度2～3cm。砖壁与钢筋混凝土底板结合处，要特别注意操作，加强转角抹灰厚度，使呈圆角，防止渗漏。外壁抹灰可采用1:3水泥砂浆。

2）钢筋混凝土池壁抹灰要点。抹灰前将池内壁表面凿毛，不平处铲平，并用水冲洗干净。抹灰时可在混凝土墙面上刷一遍薄的纯水泥浆，以增加黏结力。其他做法与砖壁抹灰相同。

6. 贴面施工

视频5-8 水池陶瓷锦砖贴面施工

贴面材料是镶贴到表层上的一种装饰材料。水池贴面材料的种类很多，常用的有陶瓷锦砖、饰面砖、花岗岩饰面板、水磨石饰面板和青石板等，园林中还常用一些不同颜色、不同大小的卵石来贴面。以陶瓷锦砖贴面材料为例，方法如下，如视频5-8所示：

1）基层处理：将地面垫层上的杂物清净，用钢丝刷刷掉黏结在基层上的砂浆，并清扫干净。

2）试拼：在正式铺设前，对陶瓷锦砖材料，应按图案、颜色、纹理试拼，然后放整齐。

3）刷水泥素浆及辅砂浆结合层：试铺后将砂和板块移开，清扫干净，用喷壶洒水湿润，刷一层素水泥浆（水灰比为0.4～0.5，不要刷的面积过大，随铺砂浆随刷）。根据板面水平线确定结合层砂浆厚度，拉控制线，开始铺结合层干硬性水泥砂浆（一般采用1:2～1:3的干硬性水泥砂浆，干硬程度以手捏成团，落地即散为宜），厚度控制在放上陶瓷锦砖时宜高出面层水平线3～4mm。铺好后用大杠刮平，再用抹子拍实找平（铺摊面积不得过大）。

依据试拼时的图案及试排时的缝隙（板块之间的缝隙宽度，当设计无规定时不应大于1mm），在控制线交点开始铺砌。搬起板块对好纵横控制线铺落在已铺好的干硬性砂浆结合层上即可。

7. 压顶施工

规则水池顶上应以砖、石块、石板、花岗岩或水泥预制板等作顶石。顶石或与地面平，或高出地面。当顶石与地面平时，应注意勿使土壤流入池内，可将池周围地面稍向外倾。有时在适当的位置上，将顶石部分放宽，以便容纳盆钵或其他摆饰，如图5-7所示。

图5-7 水池压顶

8. 养护、试水及验收

试水时应先封闭管道孔。由池顶放水入池，一般分几次进水，根据具体情况，控制每次进水高度。从四周上下进行外观检查，做好记录，如无特殊情况，可继续灌水到储水设计标高。同时要做好沉降观察。

灌水到设计标高后，停1天，进行外观检查，并做好水面高度标记，连续观察7天，外表面无渗漏及水位无明显降落方为合格。

任务二　自然式水池施工

自然式水景池岸线以自然曲线为主。在园林中模拟自然的水面，结合置石、地形、花木种植设计成自然式，水体强调水际线的自然变化，水面收放有致，有着一种天然野趣的意味，多为自然或半自然形体的静水池。人工修建或经人工改造的自然式水体，由泥土、石头或植物收边，适合自然式绿地。

课前自学

一、自然式水池常见池底结构

常见的池底结构有以下几种：

1）灰土层池底。当池底的基土为黄土时，可在池底做40～50cm厚的3∶7灰土层，并每隔20m留一伸缩缝。

2）聚乙烯薄膜防水层池底。当基土基本稳定，不会大幅度沉降时，可采用聚乙烯防水薄膜池底做法。

3）混凝土池底。当水面不大，防漏要求又很高时，可以采用混凝土池底结构。这种结构的水池，如其形状比较规整，则50m内可不做伸缩缝；如其形状变化较大，则在其长度约20m并在其断面狭窄处，应做伸缩缝。一般池底可贴蓝色瓷砖或水泥加入，进行色彩上的变化，增加景观美感。

二、自然式水池池底施工技术

自然式水池的池底如为非渗透性的土壤，应先铺以黏土，弄湿后捣实，其上再铺砂砾。若池底属透水性，或水源给水量不足，池底可用规则式水池的方法，铺混凝土或钢筋混凝土，然后以砂土覆盖，或者用蓝色或绿色水泥加以隐蔽。

三、水池雨水收集及净化处理

景观水池给人以美的享受，但是到了夏天水池的水总是变绿、发臭、滋生蚊虫，严重影响了景观，破坏了观赏的美景，解决这些问题需要给水池建造一套水处理系统。第一，我们可以采用雨水收集系统对雨水进行收集，绿色生态环保。第二，采用水池水净化系统，保持水池水质洁净。

1. 雨水收集系统

雨水收集系统是将雨水根据需求进行收集后，并经过对收集的雨水进行处理后达到符合设计使用标准的系统。现今多数由弃流过滤系统、蓄水系统、净化系统组成。雨水根据雨水来源不同，可粗略分为两类。

1）屋顶雨水。屋顶雨水相对干净，杂质、泥沙及其他污染物少，可通过弃流和简单过滤后，直接排入蓄水系统，进行处理后使用。

2）地面雨水。地面的雨水杂质多，污染源复杂。在弃流和粗略过滤后，还必须进行沉淀才能排入蓄水系统。当然这是绿色生态的新技术，开发成本较高，实际应用还需要加大力度推广，如图5-8所示。

图5-8 地面雨水收集

2. 净化处理

面对园林水景工程施工后出现的日常维护问题，水池净化系统工艺已经成为一种常见的应对方案，如图5-9所示。

图5-9 水净化处理

1）机械过滤（物理过滤）：是降低水体浑浊度的水质净化途径，比如过滤板和过滤海绵，上面有网格，生活中可以设置较细的过滤网对水质进行初步过滤。

2）生物过滤：主要滤材有珊瑚砂、生化棉、生物呼吸环、陶瓷环、火山石等。培养大量的硝化细菌，发挥其氧化氨盐和亚硝酸盐的作用。

3）化学过滤：是以化学方式来消除水中的不稳定物质的方式。化学反应后无毒的物质沉淀于过滤池的底部被物理性滤材除去，或者被另外一些无害或者毒性较低的元素替代（更换）。水质稳定剂、pH调整剂、水质沉淀剂以及其他一些化学制剂都是化学滤材。活性炭也是一种化学过滤材料，具有脱色、除臭的功能，但要定期更换。

4）杀藻灭菌：用紫外线杀菌灯抑制藻的生长和杀灭有害细菌。

5）溶氧：用气泵增加水体中的溶解氧。

课中学习

工作流程

操作步骤

1. 池塘施工前分析

某自然式水塘位于庭院南侧（图5-10），采用自然式布局。水源采用上游水库，一方面起到造景作用，另外一方面也起到泄洪的功能。整体池塘高差较大，水景施工图纸将现状进行合理改造，更生态自然，涉及平面图和剖面图中的自然式水池、块石驳岸、景墙、拦水坝等。需要根据图纸确定好施工的顺序，在前期土方完成后先进行管线的布置和园林建筑小品施工，水池施工前检查这些设施结构是否安装完毕并进行验收，合格后方可进行池塘施工，主要进行驳岸护坡、拦水坝及池底的施工。根据池塘施工图纸选择好施工工艺准备好所需要的材料、机械设备及辅助设施。考虑池塘兼有泄洪的功能，因此在施工时考虑在水流主通道的一侧设置三根泄洪管，水量大时便于排水。

2. 池塘防水处理

跌水坝旁防水采用油毡卷材防水层。铺贴方向采用卷材垂直于水流方向铺贴。铺贴油毡的顺序：铺贴应从最低标高处开始往高标高的方向滚铺，应用力均匀，不存空气为好。铺贴各层油毡搭接宽度：长边不小于70mm，短边不小于100mm，如图5-11所示。

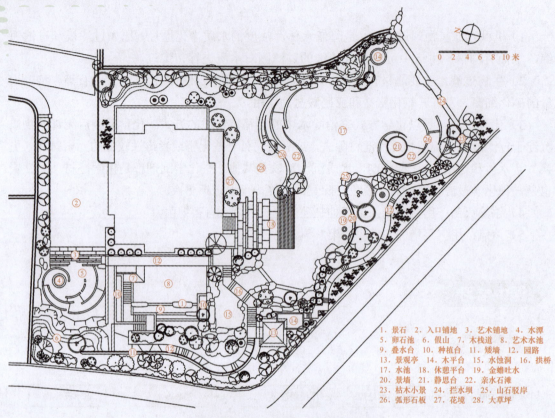

1. 景石 2. 入口铺地 3. 艺术铺地 4. 水潭
5. 卵石池 6. 假山 7. 木栈道 8. 艺术水池
9. 叠水台 10. 种植台 11. 矮墙 12. 园路
13. 景观亭 14. 木平台 15. 水蚀洞 16. 拱桥
17. 水池 18. 休憩平台 19. 金蟾吐水
20. 景墙 21. 静思台 22. 亲水石滩
23. 枯木小景 24. 拦水坝 25. 山石驳岸
26. 弧形石板 27. 花境 28. 大草坪

图 5-10 池塘设计平面图

图 5-11 油毡卷材防水处理

3. 池塘驳岸施工

驳岸施工时必须结合地形地貌、地质条件、材料特性、种植特色以及施工方法、技术经济要求等来选择其结构形式，在实用、经济的前提下注意外形的美观，使其与周围景色协调。

（1）定点放样　人员及机械进场后，首先按设计平面图纸进行总体上的放样，并用石灰线放出驳岸的土方开挖样线，并按施工规范引测水准测量点，沿线每5～10m即设一临时水准点。布点放线还应根据设计图上的常水位线，确定驳岸的平面位置，放样时需要综合考虑和已建造好的小品等之间位置。

（2）驳岸基础施工　驳岸施工前事先要注意基础部分防止积水。由于原有场地已有水池不满足设计要求，因此对驳岸沿线的地形采用人工结合挖掘机开挖，挖掘基础的槽坑，挖掘范围按地面的基础施工边线，挖槽深度一般可按设计的基础层厚度。然后，按照基础设计所规定的配合比，将水泥、砂和卵石搅拌配制成混凝土，浇注于基槽中并捣实铺平。待混凝土充分凝固硬化后方可放置块石。

（3）安置驳岸块石　块石施工的主要工作内容是基础块石、中层块石和顶层块石三部分。基础块石是直接作用于驳岸底部的垫脚石，都要选择质地坚硬、形状安稳实在，少有空穴的山石材料，以保证能够承受驳岸的重压。做脚就是用块石砌筑成山脚，它是在驳岸的上面部分大体施工完成以后，于紧贴起脚石外缘部分拼叠山脚，以弥补起脚造型不足的一种操作技法。所做的山脚石虽然无须承担山体的重压，但却必须根据驳岸的上部造型来造型，既要表现出驳岸自然的效果，又要特别增强驳岸的变化。

驳岸体块石的施工，主要是通过吊装、堆叠、砌筑操作，完成驳岸的造型。块石吊装到驳岸的设计定位点上，经过位置、姿态的调整后，就要将块石固定在一定的位置上，注意中心的位置之间采用水泥砂浆填缝。在布置中，要注意将最好看的一面向着主要的观赏方向。如有三层以上块石，注意顶层块石一般比中层块石体量大些或错落布置，切忌大小一样的块石均匀布置。为了尽量自然，部分块石驳岸可与挡土墙有些穿插。块石安置过程不仅仅是单纯的施工过程，还是艺术现场设计搭配的过程，需要施工员有一定的艺术水准，如不具备需要请相关设计单位人员现场进行指导。

4. 池底施工

池底直接承受水的竖向压力，要求坚固耐久。多用钢筋混凝土池底，一般厚度大于20cm。施工前先将现场清理干净，铺设10cm厚碎石垫层，可以处理软弱地基，而且可以起到扩散应力的作用，同时加速下部土层的固结和下沉。铺设均匀后采用6号钢丝网（直径2mm）在其表面进行铺设增强池底混凝土抗裂性。

池底铺设完钢丝网后开始铺设钢筋，在绑扎钢筋时，应详细检查钢筋的直径、间距、位置、搭接长度、上下层钢筋的间距、保护层及埋件的位置和数量，看其是否符合设计要求，如图5-12所示。

浇注混凝土前，应先施工完成各种管线，并进行验收。由于池底铺设面积较大，浇注混凝土时采用机械泵送混凝土。泵送混凝土输送管根据场地中水池条件现场进行安装，尽量缩短管线长度，少用弯管和软管。输送管的敷设应保证安全施工，便于清洗管道、排除故障和装拆维修，如图5-13所示。泵送混凝土时，混凝土泵的支腿应完全伸出，并插好安全销。开始泵送时，混凝土泵应处于慢速、匀速并随时可反泵的状态。泵送速度应先慢后快，逐步加速。同时，应观察混凝土泵的压力和各系统的工作情况，待各系统运转顺利后，方可以正常速度进行泵送。

图 5-12　池底铺设钢筋

图 5-13　池底输送管的安装

同一区域的混凝土，应按先竖向结构后水平结构的顺序，分层连续浇筑。当不允许留施工缝时，区域之间、上下层之间的混凝土浇筑间歇时间不得超过混凝土初凝时间。当下层混凝土初凝后，浇筑上层混凝土时，应先按留施工缝的规定处理。振捣泵送混凝土时，振捣棒移动间距宜为 400mm 左右，振捣时间宜为 15～30s，且隔 20～30min 后，进行第二次复振，如图 5-14 所示。混凝土初凝时表面积水需要及时排干，如图 5-15 所示。

图 5-14　振捣泵送混凝土

图 5-15　混凝土初凝

5. 试水及验收

施工完毕后进行放水试验。检查池体的安全性、平整度、有无渗漏，水形、光色与周边环境是否协调统一，而后封闭排水孔，打开上游水源分几次放水，注意观察水流和岸壁，连续观察 7 天，做好水面升降记录，外表无渗漏现象及水位无明显降落即达到设计要求，说明施工合格。

【课堂问题导向工作任务】

依据图 3-15 图纸要求完成自然式水池施工。

课后练习

1）自然水池施工放样的技巧是什么？
2）实训报告：要求每个小组完成一份任务总结（见实训项目六）。

任务三 驳岸与护坡的施工

水景驳岸是在园林水体边缘与陆地交界处，为稳定岸壁，保护湖岸不被冲刷或水淹所设置的构筑物。园林驳岸也是园景的组成部分，在园林中，驳岸往往用自然山石砌筑，与假山、置石、花木相结合，共同组成园景。因此驳岸必须结合所处环境的艺术风格、地形地貌、地质条件、材料特性、种植特色以及施工方法、技术经济要求等来选择其结构形式，在实用、经济的前提下注意外形的美观，使其与周围景色协调。

课前自学

一、驳岸的结构形式

园林中使用的驳岸形式主要以重力式结构为主，它主要依靠墙身自重来保证岸壁稳定，抵抗墙背土压力。重力驳岸按其墙身结构分为整体式、方块式、扶壁式；按其所用材料分为浆砌块石、混凝土及钢筋混凝土结构等。

由于园林中驳岸高度一般不超过 2.5m，可以根据经验数据来确定各部分的构造尺寸，而省去繁杂的结构计算。园林驳岸的部分构造及名称如图 5-16 所示。

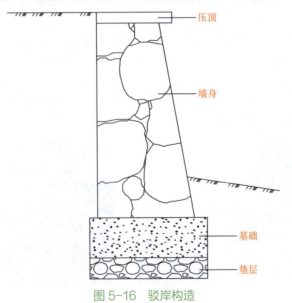

图 5-16　驳岸构造

注：1. 基础深拟保持 500mm。
　　2. 基础宽 D 为驳岸总高度 h 的 0.6～0.8 倍。

1）压顶。驳岸的顶端结构，一般向水面有所悬挑。

2）墙身。驳岸主体，常用材料为混凝土、毛石、砖等，还有用木板、毛竹板等材料作为临时性的驳岸材料。

3）基础。驳岸的底层结构，作为承重部分，厚度常用 400mm，宽度在高度的 0.6～0.8 倍范围内。

4）垫层。基础的下层，常用材料如矿渣、碎石、碎砖等整平地坪，以保证基础与土层均匀接触。

5）基础桩。增加驳岸的稳定性，是防止驳岸滑移或倒塌的有效措施，同时也兼起加强土基承载能力的作用。材料可以用木桩、灰土桩等。

6）沉降缝。由于墙高不等，墙后土压力、地基沉降不均匀等的变化差异时所必须考虑设置的断裂缝。

7）伸缩缝。避免因温度等变化引起的破裂而设置的缝。一般 10～25m 设置一道，宽度一般采用 10～20mm，有时也兼作沉降缝用。

二、园林护坡其他类型和作用

护坡是保护坡面、防止雨水径流冲刷及风浪拍击岸坡的破坏的一种水工措施。同时防止滑坡，减少地面水和风浪的冲刷，保证岸坡稳定，自然的缓坡能产生自然亲水的效果。与驳岸的区别在于护坡没有驳岸那样近乎垂直的岸墙，而是在土坡上采用合适的方式直接铺筑各种材料对坡面加以保护。

1）编柳抛石护坡：这是将块石抛置于绕柳橛十字交叉编织的柳条框格内的护坡方法。柳条发芽后便成为较好的护坡设施，富有自然野趣，如图 5-17 所示。

2）铺石护坡：当坡岸较陡、风浪较大或因造景需要时可采用铺石护坡，即在整理好的岸坡上密铺块石，最好选用相对密度大、吸水率小的石块。石块的直径为 18～25cm，长、宽比宜为 1:2。

铺石护坡应有足够的透水性以减少土壤从护坡上面流失。因此，需在块石下面设倒滤层垫底（厚 10～25cm），并在护坡坡角设挡板。水的流速较小时，可用砾石或直接用粗砂作倒滤层。若流速较大，则应以碎石作垫层。水深 2m 以上时，护坡被水淹没部分可考虑采用双层铺石。此外，当护坡块石用砂浆勾缝时，还需要设置伸缩缝和泄水孔（干砌则不用）。伸缩缝间距 20～25m，泄水孔间距 5～20m，如图 5-18 所示。

图 5-17　抛石护坡

图 5-18　铺石护坡

3）草皮护坡：适用于坡度在 1:5～1:20 之间的湖岸缓坡。可用假俭草、狗牙根等。

4）灌木护坡：适用于大水面平缓的坡岸，可用沼生植物。

5）台阶式护坡：在亲水性景观设计中经常运用，水的深浅设计都应满足人的亲水性要求，台阶尽可能贴近水面，以人手能触摸到水为最佳。

6）石笼护坡：石笼网也叫铅丝笼，是由金属线材编织的角形网（六角网）制成的网箱。用重型六角网组装成箱笼状，在工程现场向箱笼内填充一定规格的，满足一定要求的石料，以形成自透水的、柔性的、生态的防护结构，如图 5-19 所示。

图 5-19 石笼护坡

三、破坏驳岸的主要因素

驳岸可以分成湖底以下基础部分、常水位以下部分、常水位与最高水位之间的部分和不淹没的部分，不同部分破坏的因素不同。驳岸湖底以下基础部分的破坏原因包括：

1）由于池底地基强度和岸顶荷载不一致而造成不均匀的沉陷，使驳岸出现纵向裂缝甚至局部塌陷。

2）在寒冷地区水深不大的情况下，可能由于冻胀而引起基础变形。

3）木桩做的桩基则因受腐蚀或水底一些动物的破坏而朽烂。

4）在地下水位很高的地区会产生浮托力，影响基础的稳定。

常水位以下的部分常年被水淹没，其主要破坏因素是水浸渗。在我国北方寒冷地区，因水渗入驳岸内再冻胀，易使驳岸胀裂或造成驳岸倾斜、位移。常水位以下的岸壁又是排水管道的出口，如安排不当，亦会影响驳岸的稳固。常水位至最高水位这一部分经受周期性的淹没。如果水位变化频繁，则对驳岸也形成冲刷腐蚀的破坏。

课中学习

一、驳岸施工

园林水体要求有稳定、美观的水岸以维持陆地和水面一定的面积比例，防止陆地被淹或水岸坍塌而扩大水面，因此在水体边缘必须建造驳岸或护坡。

工作流程

操作步骤

驳岸工程能起到稳定岸壁、保护河岸（阻止河岸崩塌或冲刷）和保护园林中水体的作用。现以典型浆砌块石驳岸施工讲解施工流程，如视频 5-9 所示。

视频 5-9
典型浆砌块石
驳岸施工

1. 定点放线

人员及机械进场后，首先按设计图纸进行总体上的放样，并用石灰线放出驳岸的土方开挖样线，并按施工规范引测水准测量点，沿线每 50～100m 即设一临时水准点。布点放线还应根据设计图上的常水位线，确定驳岸的平面位置，并在基础两侧各 50cm 放线。

2. 挖槽

对驳岸沿线的土方采用挖掘机开挖，并留出 30cm 的保护层，在施工底板前采用人工突击开挖。基坑边坡坡度一般采用 1:0.67，并在管道基础外放出每边 50cm 以上的工作面，工作面外侧处设排水沟及集水坑，以保证基槽不受水浸泡。另外还可采用挡土板进行支撑，以策安全。由于部分驳岸位于河道中，故需要在驳岸外侧筑围堰，一般采用圆木桩围堰，即采用挖机开挖土方时，尽量将土向河中甩，在离驳岸外边线 0.5m 外开始进行围堰，堰边坡坡度采用 1:1.5，顶高高出现河水位 80cm，顶宽 150cm 以上，在机械开挖基坑土方结束后，再用人工对堰边坡及堰顶进行修正，以保证其坡度及不漏水。在土质较差的地段，还需要在堰两侧打圆木桩，以防止土方过分向河中坍塌，影响河道及堰体安全。

3. 浇筑基础

一般有两种做法，即干砌块石基础做法和 C20 浆灌砌块石基础做法。

（1）干砌块石基础做法

1）砌筑前的测量放样，块石质量应满足相关规范要求，基础砌筑要求大块石放在前沿，大面朝下，拉线砌筑，分层砌筑。

2）砌筑顺序为先砌角石（又叫定位石），再砌面石，最后砌腹石。角石应选比较方正，大小差不多的石块，砌好后把线移挂到角石上，再砌面石，厚薄石块要搭配，砌石做到犬牙交错搭接紧密。石块的上下层砌缝必须错开，错缝距离至少 8cm。

（2）C20 浆灌砌块石基础做法　底面干砌块石基础完成后首先用 C20 混凝土找平，再拉线排砌块石，块石运到现场堤顶，石工在堤顶进行粗加工，敲去薄口，尖角，加工成基本矩形，砌石时，先铺浆后蹲石，大块石放在前沿，大面向下，上部石面与样线齐平，不能用二块片石叠砌。

块石之间的缝在 5～8cm，上下纵缝错开 10cm 以上，块石之间缝隙不能用生石子充填，砌石厚度在 32～38cm，如果块石的厚度不足 32cm，则改为卧砌。对最大边长小于 32cm 的块石，弃之不用。保证砌石厚度在 32～38cm 的块石占总数的 90% 以上，其余 10% 的块石厚度最小在 30cm 以上。砌石时，对石面不平整的块石进行修整，相邻块石石面高差在 3cm 以下，平整度在 3cm 以上。

排砌块石总的要求为保证厚度，放置平稳，纵缝错开，石面平整。厚度允许误差 ±3cm，平整度 3cm，最大缝口宽大于 5cm，通缝为二通三不通，凹缝深度 2～3cm。风化石、山皮石等质量不好的块石，禁止使用。

1）细石混凝土拌制。C20 细石混凝土按设计级配拌制。称量进料，控制水灰比，保证拌和时间。

2）混凝土灌缝。灌缝前，打扫石面，用清水冲洗石缝，使混凝土与块石胶结牢固。

混凝土从拌和机出料口用手推车运至施工面，混凝土倒入溜槽至操作平台，人工用铁锹运至缝口处。用手提式振捣棒振捣，振捣至混凝土不下沉，表面泛浆。灌浆自下而上逐缝进行，不准灌缝不深，下有空洞等违规作业。

4. 砌筑岸墙

砌筑岸墙时要严格控制轴线、平面尺寸和高程。砌筑前轴线用经纬仪定位，高程用水准仪控制，并做到平面尺寸准确，在基础顶拉线控制砌筑高程和平整度。挡墙砌筑在底板凿毛处理后进行，先用经纬仪、钢尺进行平面放样，起脚底边线用墨线弹在底板上用于控制砌墙底线位置，墙身上部用木样架控制，砌筑过程中要挂垂线用于控制墙体垂直度，平整度用靠尺检查，高程用水准仪控制。样架尺寸角度要制作准确，样架安放位置、垂直度要经常复查。

如图5-20所示，墙体砌筑顺序为先砌角石（又叫定位石），再砌面石，最后砌腹石。角石应选比较方正、大小差不多的石块，砌好后把线移挂到角石上，再砌面石，墙身砌筑必须选好墙面石，砌筑时严禁抢大面，要大面朝下，先铺浆后蹲石，做到拼挡紧凑、丁顺相间，上下错缝，里层块石应能保证向缝内顺利灌浆，灌浆时用振捣棒振捣，先灌浆后填小块石，确保墙体密实。

图 5-20　浆砌块石驳岸砌筑岸墙

振捣后，缝口表面泛浆，混凝土工用小铁板勾缝，缝口，用1:2水泥砂浆勾凸缝。砌筑块石岸墙墙面应平整、美观，要求砂浆饱满，勾缝严密。隔25～30m做伸缩缝，缝宽3cm，用沥青或者石棉绳填充。为了排除墙后的积水，设置泄水孔、暗沟、填置砂石来排水。

5. 砌筑压顶

以常见模板工程进行砌筑压顶，采用现场制作木模与定型钢模相结合浇筑。木模表面应平整光滑，内侧加钉薄铁皮。木模的接缝做成平缝及企口缝，转角处加设嵌条，模板表面抹隔离剂。混凝土的浇捣采用35～50型插入式振捣器进行振捣，且要求捣棒在倾斜式混凝土表面由低处向高处振捣，另外要求振捣棒插入下层5cm，插点间距控制在50cm左右，每一插点振捣控制在20s左右，并遵循快插入慢拔出的原则，振捣时，应掌握插入间距和时间，以外光内实为准，严格控制高程，上部拍平，原浆结面抹光。加强养护，养护期不少于14天。

另外如采用花岗岩压顶，压顶向水中出挑5～6cm，并使顶面高出最高水位50cm为宜。最后用打磨机打磨一遍。

6. 墙后回填土

应排除基坑底积水及清除杂物，采用边砌筑边回填的方式进行，每次回填土顶面高程均应低于石方砌筑面0.5m，回填土采用砂质黏土。按30cm分层铺设素土，用人工夯实2～3遍后，再用蛙式夯夯实，且分层取样作环刀密实度测试，测试合格后进行第二层回填。回填土利用开挖时预留的土垛好土，以最佳含水量控制回填土质量。回填土标高应满足设计标高，表面应平整，如视频5-10所示。

视频 5-10
驳岸工程施工动画

二、护坡工程施工

在园林中,自然山地的陡坡、土假山的边坡、园路的边坡和湖池岸边的陡坡,有时为了顺其自然不做驳岸,而是改用斜坡伸向水中,这就要求能就地取材,采用各种材料做成护坡。护坡主要是防止滑坡,减少水和风浪的冲刷,以保证岸坡的稳定。各种护坡工程的坡面构造,实际上是比较简单的。它不像挡土墙那样,要考虑泥土对砌体的侧向压力,它不做砌体,要考虑的只是如何防止陡坡的滑坡和如何减轻水土流失。根据护坡的基本特点,下面将各种护坡方式归为植被护坡、预制框格护坡和截水沟护坡三种坡面构造类型,并对其施工方法给予简要的说明。

工作流程

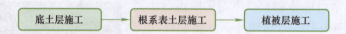

操作步骤

1. 植被护坡的坡面处理

这种护坡的坡面是采用草皮护坡、灌丛护坡或花坛护坡方式所做的坡面,这实际上都是用植被来对坡面进行保护,因此,这种护坡的坡面构造基本上是一样的。一般而言,植被护坡(图5-21)的坡面构造从上到下的顺序是:植被层、坡面根系表土层和底土层。

(1)底土层施工　坡面的底土一般应拍打结实,也可不作任何处理。

(2)根系表土层施工　用草皮护坡与花坛护坡时,坡面保持斜面即可。若坡度太大,达到60°以上时,坡面土壤应先整细并稍稍拍实,然后在表面铺上一层铁丝护坡网,最后才撒播草种或栽种草丛、花苗。用灌木护坡,坡面则可先整理成小型阶梯状,以方便栽种树木和积蓄雨水。为了避免地表径流直接冲刷陡坡坡面,还应在坡顶部顺着等高线布置一条截水沟,以拦截雨水。

(3)植被层施工　植被层的厚度随采用的植物种类而变化。采用草皮护坡方式的,植被层厚15~45cm;用花坛护坡的,植被层厚25~60cm;用灌木丛护坡,则灌木层厚45~180cm。植被层一般不用乔木做护坡植物,因乔木重心较高,有时可因树倒而使坡面坍塌。在设计中,最好选用须根系的植物,其护坡固土作用比较好。

2. 预制框格护坡的坡面处理

预制框格有混凝土、塑料、铁件、金属网等材料制作的,其每一个框格单元的设计形状和规格大小都可以有许多变化。框格一般是预制生产的,在边坡施工时再装配成各种简单的图形。用锚和矮桩固定后,再往框格中填满肥沃土壤,土要填得高于框格,并稍稍拍实,以免下雨时流水渗入框格下面,冲刷走框底泥土,使框格悬空,如图5-22所示。

图5-21　植被护坡

图5-22　预制框格护坡

3. 截水沟护坡

截水沟一般设在坡顶，与等高线平行。沟宽 20～45cm，深 20～30cm，用砖砌成。沟底、沟内壁用 1:2 水泥砂浆抹面。为了不破坏坡面的美观，一般截水沟为盲沟，即在截水沟内填满砾石，砾石层上面覆土种草。从外表看不出坡顶有截水沟，但雨水流到沟边就会下渗，然后从截水沟的两端排出坡外。

课后练习

1）驳岸施工前期有哪些主要工作？
2）根据视频 5-11，驳岸干砌块石基础做法该注意哪些方面？
3）驳岸墙体伸缩缝的处理方式是什么？

视频 5-11
茶室流水景观

任务四　喷泉工程施工

课前自学

一、人工喷泉在园林中的功能和作用

人工喷泉是最常见的园林水景之一，近年来各种各样的喷泉如音乐喷泉、程序控制喷泉、旱地喷泉、雾化喷泉等水景在城市建设中被广泛应用于室内外空间，如城市广场、公共建筑或作为建筑、园林的小品。它不仅自身是一种独立的艺术品，而且能够增加局部空间的空气湿度，减少尘埃，大大增加空气中负氧离子的浓度，因而也有益于改善环境，增进人们的身心健康。

二、喷泉的景观类型

人工造就的喷泉，依据造景特点常见有以下类型：

1）水池喷泉：这是最常见的形式。设计水池，安装喷头、灯光、设备。停喷时，是一个静水池，如图 5-23 所示。

2）旱池喷泉：喷头等隐于地下，适用于让人参与的地方，如广场、游乐场。停喷时是场中一块微凹地坪，缺点是水质易污染，如图 5-24 所示。

图 5-23　水池喷泉

图 5-24　旱池喷泉

3）舞台喷泉：常用于影剧院、歌舞厅、游乐场等场所，有时作为舞台前景、背景，有时作为表演场所和活动内容。这里小型的设施和水池往往是活动的，如图5-25所示。

4）盆景喷泉：家庭、公共场所的摆设，大小不一，往往成套出售。此种以水为主要景观的设施，不限于喷的水姿，而易于吸取高科技成果，做出让人意想不到的景观，很有启发意义，如图5-26所示。

图5-25　舞台喷泉　　　　　　　　　图5-26　盆景喷泉

视频5-12
音乐喷泉工程

视频5-13
程控喷泉

5）音乐喷泉：利用播放或现场演奏音乐信号控制喷泉和灯光的喷泉。根据专门的音乐喷泉控制系统使喷水造型和灯光的变化随音乐的节奏、旋律的起伏变化而变化，美妙绝伦，同步率可达到±0.02s既可以为实时控制，又可以为编辑控制，如视频5-12所示。

6）程控喷泉：按照预先编辑的程序变换喷水造型和灯光色彩的喷泉。程序一般可以随时修改，也可储存多种程序，随意调用，如视频5-13所示。

7）超高喷泉：一般指喷水高度在百米以上的喷泉，也常称为百米喷泉，气势磅礴辉煌、壮观，如图5-27所示。

8）大型水幕：指大型半圆或矩形的喷水幕墙，结合激光发生器或电影播放器材可在水幕上作激光表演或播放水幕电影，如图5-28所示。

图5-27　超高喷泉　　　　　　　　　图5-28　大型水幕

9）跑泉：多个一线排列的喷头，按时序控制喷水，构成各种形态喷水瞬间变化的喷泉。可形成跑动形态，还可构成各种跳动、波动等形态，又可以构成固定造型的喷水形态，气势壮大、雄伟，变化多端，如图5-29所示。

10）趣味喷泉：可供人游乐、戏耍参与其中的喷泉，也可以称作游乐喷泉或戏水喷泉等，如戏水踏泉、迷宫喷泉、环形跳泉、水击球赛、追逐喷泉、跳舞喷泉、水上飞、喊泉、大力喷泉、彩虹飞渡、水雷泉、水炮、雾喷等等，形式多种多样，娱乐性和参与性极强，如图5-30所示。

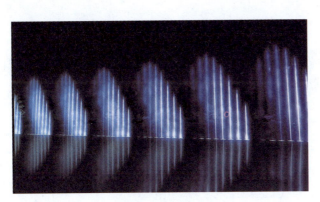

图 5-29　跑泉

图 5-30　趣味喷泉

三、不同环境下喷泉的位置和高度

在选择喷泉位置，布置喷水池周围环境时，既要考虑喷泉的主题、形式与环境相协调，也要借助喷泉的艺术联想，创造意境。

一般来说，不同环境下喷泉的位置和形式也有所不同。

1）开阔的场地，如车站前、公园入口等，喷泉水池多选用整形式，水池要大，喷水要高，照明不要太华丽。

2）狭窄的场地，如街道转弯等，喷泉水池多为长方形。

3）传统式园林内，喷泉水池多为自然式喷水，可做成跌水、涌泉等，以表现天然水态为主。

4）热闹的场所，如公园的一些小局部，喷泉的形式自由，可与雕塑等各种装饰性小品结合，一般变化不宜过多。

喷水的高度和直径主要根据人眼视域的生理特征，对于喷泉、雕塑、花坛等景物，其垂直视角在30°、水平视角在45°的范围内有良好的视域。喷泉的适合视距为喷水高的3.3倍。当然也可以利用缩短视距，造成仰视的效果。水池半径与喷泉的水头高度应有一定的比例，一般水池半径为喷泉高的1.5倍，如半径太小，水珠容易外溅。为了使喷水线条明显，宜用深色景物作背景。

四、常见的喷头类型

喷泉设计中喷头的选择很重要。在水景中广泛使用各种类型的喷头，以生成形态各异的水形。水景观工程对喷头的最大要求是水形美观，射流平滑稳定。喷头一般耐磨性好，不易锈蚀，由有一定强度的黄铜或青铜制成。

在实际使用中，应注意各种喷头的特性。一般水膜喷头的抗风性较差，不宜在室外有风的场合使用；而射吸式喷头如雪松或涌泉对水位变化较为敏感，使用时不但要注意水位变化，还要在池体设计上有相应的抑制波浪的措施，如设置较长的溢流堰或水下挡浪墙。但是，也有利用波浪共振这一水力现象建成脉动喷泉的，有规律的波浪涌动使水流喷射有规律地跳跃、高低变化。目前也有许多高技术喷泉设备，也可以用于水艺景观中。光亮泉和跳泉的射流非常光滑稳定，外观如同玻璃棒一样，可以准确落在受水孔中；跳泉可以在计算机控制下，生成可变化长度的水射流；跳球喷泉可以喷出大小可控的光滑水球。它们都极具趣味性，令人过目难忘。

五、喷泉水形的基本形式

随着喷泉设计的不断改造与创新，新的喷泉水形不断丰富与发展。常见的有圆柱形、篱笆形、向心形、拱顶形、洒水形、牵牛花形等。

常见的喷泉水形见表5-1。

表5-1　常见的喷泉水形

序号	名称	水形	备注
1	单射形		单独布置
2	水幕形		布置在直线上
3	拱顶形		布置在圆周上
4	向心形		布置在圆周上
5	圆柱形		布置在圆周上
6	篱笆形		布置在圆周上
7	屋顶形		布置在直线上
8	喇叭形		布置在圆周上
9	圆弧形		布置在曲线上
10	蘑菇形		单独布置
11	吸力形		单独布置，此型可分为吸水形、吸气形、吸水吸气形
12	旋转形		单独布置

（续）

序号	名称	水形	备注
13	喷雾形		单独布置
14	洒水形		布置在曲线上
15	扇形		单独布置
16	孔雀形		单独布置
17	多层花形		单独布置
18	牵牛花形		单独布置
19	半球形		单独布置
20	蒲公英形		单独布置

六、喷泉供水形式

喷泉的水源应为无色、无味，无有害杂质的清洁水。因此，喷泉除用城市自来水作为水源外，冷却设备和空调系统的废水也可作为喷泉的水源。喷泉供水的形式如图5-31所示。

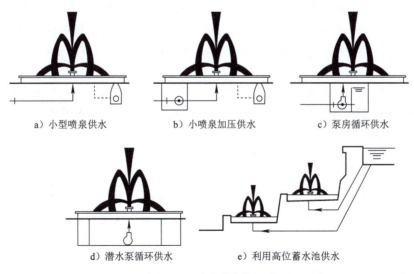

图 5-31 喷泉供水的形式

1）直接用自来水供水，使用过的水排入城市雨水管网。供水系统简单，占地小，造价低，管理简单；但给水不能重复使用，耗水量大，运行费用高，再者如水压不稳时，会影响喷泉的水型。一般此种供水主要用于小型喷泉，或孔流、涌泉、水膜、瀑布等，或与假山石结合，适用于小庭院、室内大厅和临时场所。

2）为保证喷水具有稳定的高度和射程，给水需经过特设的水泵房加压。喷出的水仍排入城市雨水管网。

3）为了节约用水，需足够的水压和用水，大型喷泉可用循环供水的方式。循环供水的方式有两种：

① 用离心泵、设水泵房来进行：将水泵房置于地面上较隐蔽处，以不影响绿化效果为宜。

② 用潜水泵：将其直接放入喷水池中或水体内低处。

4）在有条件的地方，可利用高位的天然水源供水，用毕排除。

另外，为了保证喷水池的卫生，要在池中设过滤器和消毒设备，以消除水中的污物、藻类等。喷水池的水应及时更换。

七、喷泉的控制方式

在喷泉的管道系统中还应包括一定量的控制附件。控制附件用来调节水量、水压、关断水流或改变水流方向。管路常用的控制附件主要有闸阀、截止阀、球阀、浮球阀、逆止阀、电磁阀、电动阀、气动阀等。闸阀作隔断水流，控制水流道路的启闭之用。截止阀起调节和隔断管中水流的作用。球阀与闸阀和截止阀的作用相同，但管道的水头损失更小，操作方便。浮球阀可以用来控制水位，当水位降低时，浮球阀打开放水。逆止阀又称单向阀，是用来限制水流方向，以防止水的倒流。电磁阀是由电信号来控制管道通断的阀门，作为喷水工程的自控装置。另外，也可以选择电动阀、气动阀来控制管路的开闭。

目前喷水景观工程的运行控制常采用手动控制、程序控制、音响控制。手动控制是最常见和最简单的控制方式。在喷泉的供水管上安装手动控制阀，在喷泉工作前调节各管段中水的压力和流量，形成固定的喷水姿后就不再变动。对于程控和声控的水景工程，水流控制阀门是关键装置之一，要求它能实时控制，保证水流、水形态的变化与程控讯号和声频讯号同步，保证长时间反复动作无故障，尽量使开关量与通过的流量保持线性关系。

目前国内多采用时控和声控两种方式。所谓时控是由定时器和彩灯闪烁控制器按预先设定的程序定时控制水泵、电磁阀、彩灯等的启闭，从而实现自动变化喷水姿态。声控的原理是将声音信号转变为电信号，经放大和其他一些处理，推动继电器或电子开关，再去控制设在管道上的电磁阀的启闭，从而控制喷头水流动的通断。

八、喷泉构筑物的组成和施工方法

喷泉除管线设备外，还需配套的构筑物，如喷水池、泵房及给水排水井等。

（1）喷水池 喷水池是喷泉的重要组成部分，其本身不仅能独立成景，起点缀、装饰、渲染环境的作用，而且能维持正常水位保证喷水。

1）水池形状和大小：园林的喷水池分为规则式和自然式两种。规则式水池平面形状呈几何形，如圆形、椭圆形、多边形等。自然式水池地岸线为自然曲线，如弯月形、肾形、心形、梅花形等。现代喷水池多采用流线形式，活泼大方，富于时代感。

水池的大小应根据周围环境和喷高而定，喷水越高，水池越大。为了防止水滴漂移而落到池外，一般水池半径为最大喷高的1～1.3倍，自然式水池宜小，平均池宽可为喷高的

3倍。水池深度不宜过深，以免发生危险，一般水深为0.6～0.8m。这样做法同时也是保证吸水口的淹没深度，并且池底为一整体的平面，也便于池内管路设备的安装施工和维护。为体现亲水特点的浅蝶形池体设计时，可采用吸水坑或泵坑。

2) 喷水池结构与构造：水池由基础、防水层、池底、池壁、压顶等部分组成，如图5-32所示。

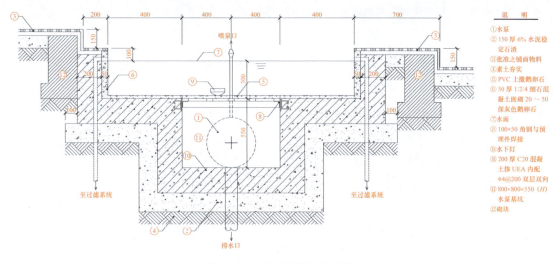

图5-32 喷水池结构与构造

① 基础。基础是水池的重要组成部分，由灰土和混凝土层组成。灰土层一般厚30cm，C10混凝土垫层厚10～15cm。

② 防水层：水池工程中，防水工程质量的好坏对水池安全使用及其寿命有直接影响，因此正确选择和合理使用防水材料是保证水池质量的关键。目前，水池防水材料种类较多，如按材料分，主要有沥青类、塑料类、橡胶类、金属类、砂浆混凝土类及有机复合材料等；如按施工方法分，有防水卷材、防水涂料、防水嵌缝油膏和防水薄膜等。沥青材料主要选用建筑石油沥青与油毡结合形成防水层；防水卷材主要有油毡、油纸、玻璃纤维毡片、三元乙丙再生胶等；防水涂料主要有沥青和合成树脂防水涂料等。

水池防水材料的选用，可根据具体要求确定，一般水池用普通防水材料即可。钢筋混凝土水池也可采用5层防水砂浆（水泥加防水粉）做法。临时性水池还可将吹塑纸、塑料布、聚苯板组合起来使用，也有很好的防水效果。

③ 池底：池底直接承受水的竖向压力，要求坚固耐久。多用钢筋混凝土池底，一般厚度大于20cm；如果水池容积大，要配双层钢筋网。伸缩缝用止水带或沥青麻丝填充。每次施工必须由伸缩缝开始，不得在中间留施工缝，以防漏水。

④ 池壁：是水池竖向部分，承受池水的水平压力，水愈深容积愈大，压力也愈大。池壁一般有砖砌池壁、块石池壁和钢筋混凝土池壁3种。壁厚视水池大小而定，砖砌池壁具有施工方便的优点，但红砖多孔，砌体接缝多，易渗漏，不耐风化，使用寿命短。块石池壁自然朴素，要求垒砌严密，勾缝紧密。混凝土池壁用于厚度超过400mm的水池，C20混凝土现场浇注。钢筋混凝土上池壁厚度多小于300mm，常用150～200mm，宜配$\phi 8$、$\phi 12$钢筋，中心距多为200mm，如图5-33所示。

园林工程施工技术

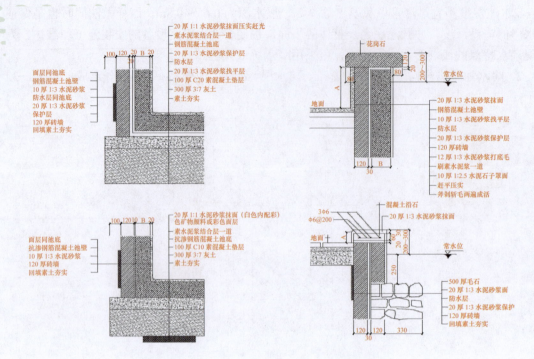

图 5-33 喷水池池底和池壁做法

⑤压顶：属于池壁最上部分，其作用为保护池壁，防止污水泥沙流入池中，同时也防止池水溅出。对于下沉式水池，压顶至少要高于地面 5～10cm；而当池壁高于地面时，压顶做法必须考虑环境条件，要与景观相协调，可作为平顶、拱顶、挑伸、倾斜等多种形式。压顶材料常用混凝土和块石。

（2）泵房　泵房是指安装水泵等提水设备的专用构筑物，其空间较小，结构比较简单。是否需要修建专业的泵房应根据需要而定。在喷泉工程中，凡采用清水离心泵循环供水的均不设置泵房。

1）泵房的作用。

①保护水泵。水泵是用来给喷泉供水的，水泵应固定且不宜长期暴露在外，否则由于天长日久的风吹雨淋，容易生锈，影响运行。同时可以防止泥沙、杂物等侵入水泵，影响转动，降低水泵寿命甚至损坏水泵。

②安全需要。水泵多采用三相异步电动机驱动，电动机额定电压 380V，因此，为了安全起见也应将水泵安装在泵房内。潜水泵虽不需设置泵房，但也要将控制开关设于室内，控制箱应安装于离地面 1.6m 以上安全的地方。

③景观需要。喷泉周围环境讲究整洁明快，各种管线不得暴露。为此，应设置泵房或以其他方法掩饰，否则有碍观瞻。

④利于管理。泵房内，各种设备可以长期处于配套工作状态，便于操作和检修，给管理带来方便。

2）水泵的选择。喷泉用水泵以离心泵、潜水泵最为普遍。单级悬壁式离心泵特点是依靠泵内的叶轮旋转所产生的离心力将水吸入并压出，它结构简单，使用方便，扬程选择范围大，应用广泛，常有 IS 型、DB 型。潜水泵使用方便，安装简单，不需要建造泵房，主要型号有 OY 型、QD 型、B 型等。水泵选择要做到"双满足"，即流量满足、扬程满足。为此，先了解水泵的性能，再结合水力计算，确定水泵泵型，如图 5-34 所示。

图 5-34 离心泵型号的含义

通过流量和扬程两个主要因子选择水泵，方法是：

①确定流量：按喷泉水力计算总流量确定。

②确定扬程：按喷泉水力计算总扬程确定。

③选择水泵：水泵的选择应依据所确定的总流量、总扬程查水泵性能表，即可选定，如喷泉需用两个或两个以上水泵提水时（注：水泵并联，流量增加，压力不变；水泵串联，流量不变，压力增大），用总流量除水泵数求出每一台水泵流量，再利用水泵性能进行选择。查表时，若遇到两种水泵都适用，应优先选择功率小、效率高、叶轮小、重量轻的型号。

3）泵房的形式：泵房的形式根据泵房与地面的相对位置可分为地上式、地下式和半地下式 3 种。

①地上式泵房。地上式泵房是指泵房主体建在地面之上，同一般房屋建筑，多为砖混结构。因泵房建在喷泉附近，需占用一定面积，影响喷泉景观，故不宜单独设置。一般常与管理用房结合，便于管理，若需单独设置时，因控制体量，讲究造型和装饰，尽量与喷泉周围环境协调。地上式泵房具有结构简单、造价低、管理方便的优点，适用于中小型喷泉。

②地下式泵房。地下式泵房是指泵房主体建在地面之下，同地下室建筑。多为砖混结构或钢筋混凝土结构，需做防水处理，避免地下水侵入。由于泵房建在地下而不占用地上面积，故不影响喷泉景观。但结构复杂，造价高，管理操作不便。地下式泵房适用于大型喷泉。

③半地下式泵房。半地下式泵房是指泵房主体建在地上与地下之间，兼具地上式和地下式二者的特点，不再重述。

泵房需注意以下几个问题：

①水泵进、出水管管径的确定：水泵在运行时，其进、出口处流速较高，可达到 3～4m/s。由于管道的阻力与流速的平方成正比，流速越高，阻力越大。如果进、出水管的管径与水泵的口径相同，由于流速较高，势必造成较大的阻力，从而降低了供水的稳定性。为此，应将进、出水管的管径加大，一般采用渐扩形式，以降低流速、减少阻力，使水流平稳。

实践证明，进水管的流速不宜超过 2.0m/s，出水管的流速不宜超过 3.0m/s。进、出水管管径可按下式确定并进行调整。

$$进水（吸水）管径\ DN \geqslant 800\sqrt{Q}\ (mm)$$

$$出水管径\quad DN \geqslant 600\sqrt{Q}\ (mm)$$

式中 Q——水泵流量（m³/s）

②当管径大于水泵口径时，需在进、出口处配置渐变管，使水泵与进出管有过渡连接。

③渐变管长度可视其大小头直径差确定，一般取差数的 7 倍可满足要求。

④泵房用电要注意安全，开关箱和控制板的安装应符合规定。地下式泵房要注意机房排水、通风，泵房内应配备灭火器等灭火设备。

（3）给水阀门井与排水阀门井

1）给水阀门井：喷泉用水一般由自来水供给。当水源引入喷泉附近时，应在给水管道上设置给水阀门井。

给水阀门井内安装截止阀控制，根据给水需要，可随时开启和关闭，便于操作。给水阀门井一般为砖砌圆形，由井底、井身和井盖组成。井底一般采用C20混凝土垫层，井底内径不小于1.2m（考虑下人操作）；井身采用MU10红砖M5.0水泥砂浆砌筑，井深不小于1.8m（考虑人员站立高度），井壁应逐渐向上收拢，且一侧应为直壁，便于设置铁爬梯上下。

2）排水阀门井：排水阀门井的作用是连接由水池引出的泄水管和溢水管在井内交汇，然后再排入排水管网。为便于控制，在泄水管道上应安装阀，溢水管应接于阀后，确保溢水管排水通畅。

排水阀门井的构造同给水阀门井。

课中学习

进行喷泉水景的总体施工时，应先分析环境氛围的基本要求，再分析各种水景形式，分列不同的组合方案，绘制效果图，从中选优。水景形态有静水、流水、落水、喷水等几种。这几种形态又可衍生出多姿多彩的变化形式，特别是由于喷头技术的发展，喷水姿态更是变化万千。

工作流程

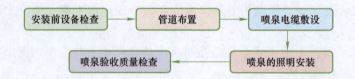

操作步骤

1. 安装前设备检查

1）设备安装前，应以每批（同牌号、同规格、同型号）数量中抽查10%。如有漏裂不合格的，应再抽查20%，如仍有不合格的则须逐个试验强度和严密性。试验压力应为阀门出厂规定的压力，并做好阀门试验记录。

2）阀门安装时，应仔细核对阀件的型号与规格是否符合设计要求。阀体上标示箭头，应与介质流动方向一致。

3）喷泉喷嘴安装，位置应符合设计要求，便于操作。

4）管道试压：管道试压按系统分段进行，既要满足规范要求，又要考虑管材和阀件因高程静压增加的承受能力。水压强度试验的测试点设在管网的最低点。对管网注水时，应先将管网内的空气排净，并缓缓升压，达到试验压力后，稳压30min，目测管网，应无泄漏、无变形，且压力降低不应大于0.05MPa。

2. 管道布置

当喷头位置确定后，就要考虑管网的布置。喷泉管网主要由吸水管、供水管、补给水管、溢水管及供电线等组成，给水排水系统如图 5-35 所示。管网布置时应注意以下几个问题：

1）喷泉管道要根据实际情况布置。装饰性小型喷泉，其管道可直接埋入土中，或用山石、矮灌木遮盖；大型喷泉，分主管和次管，主管要敷设在可通行人的地沟中，为了便于维修就设检查井；次管直接置于水池内，管网布置应排列有序，整齐美观。

2）环形管道最好采用十字形供水，组合式配水管宜用分水箱供水，其目的是要获得稳定等高的喷流。

3）为了保持喷水池正常水位，水池要设溢水口。溢水口面积就是进水口面积的 2 倍，要在其外侧配备拦污栅，但不得安装阀门。溢水管要有 3% 的顺坡，直接与泄水管连接。

4）补给水管的作用是启动前的注水及弥补池水蒸发和喷射的损耗，以保证水池正常水位。补给水管与城市供水管相连，并安装阀门控制。

5）泄水口要设于池底最低处，用于检修和定期换水时的排水。沟管径 100mm 或 150mm，也可按计算确定，安装单向阀和公园水体或城市排水管网连接。

6）连接喷头的水管不能有急剧变化，要求连接管长度至少有 20 倍其管径，长度不足时，需安装整流器。

7）喷泉所有的管线都要具有不小于 2% 的坡度，便于停止使用时将水排空；所有管道均要进行防腐处理；管道接头要严密，安装必须牢固。

8）管道安装完毕后，应认真检查并进行水压试验，保证管道安全，一切正常后再安装喷头。为便于水形的调整，每个喷头都应安装阀门控制。

9）喷泉照明多为内侧给光，给光位置为喷高 2/3 处，照明线路采用防水电缆，以保证供电安全。

10）在大型的自控喷泉中，管线布置极为复杂，并安装功能独特的阀门和电器元件，如电磁阀、时间继电器等，并配备中心控制室，用以控制水形的变化。

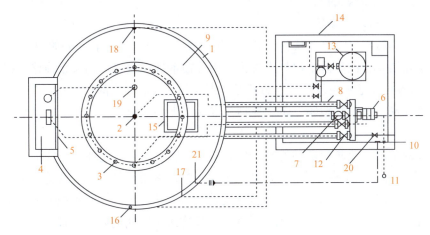

图 5-35 喷泉工程的给水排水系统

1—喷水池 2—加气喷头 3—装有直射流喷头的环状管 4—高位水池 5—堰 6—水泵 7—吸水滤网 8—吸水关闭阀 9—低位水池 10—风控制盘 11—风传感计 12—平衡阀 13—过滤器 14—泵房 15—阻涡流板 16—除污器 17—真空管线 18—可调眼球状进水装置 19—溢流排水口 20—控制水位的补水阀 21—液位控制器

3. 喷泉电缆敷设

1）电缆敷设前应对电缆进行详细检查，规格、型号、截面电压等级均要符合设计要求，外观无扭曲、损坏现象，并进行绝缘摇测或耐压试验。

视频 5-14
喷泉工程施工

2）电缆选择时，应考虑实际长度是否与敷设长度相符，并绘制电缆排列图，减少电缆交叉。

3）敷设电缆时，按先大后小、先长后短的原则进行，排列在底层的先敷设。

4）标志牌规格应一致，并有防腐性能。

5）开关箱等低压电器安装须格外注意观感质量，标高位置要正确可靠，如视频 5-14 所示。

4. 喷泉的照明安装

喷水的姿态可以用水下彩灯的照射来衬托，尤其应当照射水幕、喷水溅落之处和喷射的顶端，通过水珠的反射更显得既鲜明艳丽而又朦朦胧胧。照射的方向、位置与喷水姿态有关。喷泉的照明要求比周围环境更高的亮度。在周围明亮时，喷水的先端应有 100～200lx 的照度，在周围暗的场合，需要 50～100lx 的照度。喷射的高度不同，需要的灯具的功率也不同。水中照明采用光源以金属卤化物灯、白炽灯为佳，而水下光的颜色以易识别的黄、蓝色系统为主，也传得较远。

喷泉照明根据灯具与水面的位置关系可分为水上照明和水下照明两种方式。

水上照明，灯具多安装于邻近的水上建筑设备上，此方式可使水面照度分布均匀，但常使人们眼睛直接或通过水面反射间接地看到光源，使眼睛产生眩光，应加调整。水下照明，灯具多置于水中，导致照明范围有限。灯具为隐蔽和发光正常，宜安装于水面以下 100～300mm。水下照明可以欣赏水面波纹，并且由于光是从喷泉下面照射的，因此当水花下落时，可以映出闪烁的光。

水池照明应注意以下事项：

1）照明灯具应密封防水并具有一定的机械强度，以抵抗水浪和意外的冲击。

2）水下布线，应满足水下电气设备施工相关技术规程规定，为防止线路破损漏电，需常检验。严格遵守先通水浸没灯具，后开灯；再先关灯，后断水的操作规程。

3）灯具要易于清扫和检验，防止异物及水浮游生物的附着积淤。宜定期清扫换水，添加灭藻剂。

4）灯光的配色，要防止多种色彩叠加后得到白色光，造成局部彩色的消失。在喷头四周配置各种彩灯时，在喷头背后色灯的颜色要比近在游客身边灯的色彩鲜艳得多。所以要将透射比高的色灯（黄色、玻璃色）安放到水池边近游客的一侧，同时也应相应调整灯对光柱照射部位，以加强表演效果。灯光安装完成后要注意水下照明的防水处理。

5）电源输入方式。电源线用水下电缆，其中一根应接地，并要求有漏电保护。电源线通过镀锌铁管在水池底接到需要装灯的地方，将管子端部与水下接线盒输入端直接连接，再将灯的电缆穿入接线盒的输出孔中密封即可。

5. 喷泉验收质量检查

施工单位验收时，除结构构造要求外，喷泉要能正常工作，检查水电管线的安装情况。通过试水，主要针对其水形、水的动态及声响等检验技术、艺术是否达到设计要求。

课后练习

1）喷泉管道布置的基本要求是什么？
2）喷泉的景观类型有哪些？
3）喷泉供水形式有哪些？
4）喷泉构筑物的组成和方法？

项目六 园林建筑及小品施工

职业能力清单

知识要求
- 了解园林建筑小品材料中普通砖、石材、砂浆的工程特点和用途；
- 了解园林建筑小品结构、美化手法；
- 理解园林建筑小品施工工艺，掌握花坛、景墙及园林建筑小品施工方法和步骤；
- 了解主要园林建筑小品工程的基础施工特点，开工前的施工准备工作，并能制定各类园林建筑小品施工方案；
- 掌握不同材料园林建筑小品的安装施工工艺及步骤。

技能要求
- 会查找和搜索园林建筑小品材料相关的文献资料；
- 能识别园林建筑小品施工图；
- 能进行园林建筑小品的放样；
- 会进行园林建筑小品基础及结构工程的施工；
- 会进行不同园林建筑小品的表面装饰。

素质要求
- 具有以劳动为荣的品德；
- 具有独立思考问题的能力；
- 具有对园林建筑小品工程的审美意识；
- 具有优秀传统文化学习精神，增强文化自信的意识；
- 具有团队配合协调完成制定园林建筑小品工程施工方案的能力；
- 具有现场仔细观察细部材料的习惯；
- 养成自觉遵守纪律的态度。

项目学习引言

党的二十大指出以社会主义核心价值观为引领，发展社会主义先进文化，弘扬革命文化，传承中华优秀传统文化，满足人民日益增长的精神文化需求，巩固全党全国各族人民团结奋斗的共同思想基础，不断提升国家文化软实力和中华文化影响力。园林建筑及小品涉及种类繁多，不乏具有悠久的历史传统和光辉的成就的中国传统建筑。它的独特的艺术

项目六　园林建筑及小品施工

风格,成为中国文化遗产璀璨的明珠,同时在世界建筑史上自成系统,独树一帜。本项目中介绍的园林建筑小品功能简明,体量小巧,富于神韵,立意有章,精巧多彩,有高度的艺术性,经常成为视线的焦点和功能的核心,与环境相结合使得绿地更为丰富,富有变化,对活跃绿地空间环境,点缀环境景观起到十分重要的作用。

本项目重点介绍了花坛施工、挡土墙施工、亭施工、花架施工、园桥施工、景墙施工等内容,根据视频6-1某新中式庭院建设项目案例,将涵盖的园林建筑小品施工工艺流程进行分析,并通过视频、动画及图片展示施工过程。园林建筑小品的施工经常在施工时穿插其他项目,如水电等。但为了主要介绍园林建筑及小品,将其他项目的施工工艺重点放在其他项目中阐述。园林建筑及小品具有很强的装饰性,因此在施工中除了要关注本身的结构,也要合理利用现场的条件进行适当的调整,优化设计方案,并使施工的外表面装饰工艺做得更为细腻,使得园林建筑及小品更为精致,成为庭院中的画龙点睛之笔。

视频6-1
某新中式庭院
建设项目案例

任务一　花坛施工

花坛在园林绿地中广为存在,常常成为局部空间环境的构图中心和焦点,对活跃空间环境氛围,点缀环境绿化景观起到十分重要的作用。它是在具有一定几何轮廓的植床内,种植各种不同色彩的观花、观叶与观果的园林植物,从而构成一幅富有鲜艳色彩或华丽纹样的装饰图案,以供观赏。花坛作为硬质景观和软质景观的结合体,具有很强的装饰性,可作为主景,也可作为配景。花坛在布局上,一般设在道路的交叉口,公共建筑的正前方或园林绿地的入口处,或在广场的中央,即游人视线的交汇处,构成视觉中心。花坛的平、立面造型应根据所在园林空间环境特点、尺度大小、花木生长习性和观赏特点来定。

课前自学

一、花坛砌体材料的种类

大多数砌体系指将块材用砂浆砌筑而成的整体。砌体结构所用的块材有:烧结普通砖、非烧结硅酸盐砖、黏土空心砖、混凝土空心砖、小型砌块、粉煤灰实心中型砌块、料石、毛石和卵石等。花坛砌体材料常用的有烧结普通砖、料石、毛石、卵石和砂浆等。

1. 烧结普通砖

烧结普通砖是以黏土、页岩、煤矸石、粉煤灰为主要原料,经焙烧而成的,其尺寸为240mm×115mm×53mm。因其尺寸全国统一,故也称标准砖。烧结普通砖分烧结黏土砖和其他烧结普通砖。

(1) 烧结黏土砖　烧结黏土砖是以砂质黏土为原料,经配料调制、制坯、干燥、焙烧而成,保温、隔热及耐久性能良好,强度能满足一般要求。烧结黏土砖又分为实心砖、空心砖(大孔砖)和多孔砖。无孔洞或孔洞率小于15%的砖统称实心砖,也有些地方比标

127

准尺寸略小些的实心黏土砖，其尺寸为220mm×105mm×43mm。实心黏土砖按生产方法不同，分为手工砖和机制砖；按砖的颜色可分红砖和青砖，一般来说青砖较红砖结实、耐碱、耐久性好。

黏土砖的强度等级用MU××表示，例如，我们过去称为100号砖的强度等级用MU10表示。它的强度等级是以它的试块受压能力的大小而定的。根据国家标准《砌体结构设计规范》GB50003-2011的规定，烧结普通砖、烧结多孔砖等的强度等级为MU30、MU25、MU20、MU15、MU10。

（2）其他烧结普通砖　其他烧结普通砖包括烧结煤矸石砖和烧结粉煤灰砖等。烧结煤矸石砖是以煤矸石为原料；烧结粉煤灰砖的原料是粉煤灰加部分黏土。它们是利用工业废料制成的，优点是化废为宝、节约土地资源、节约能源。其他烧结普通砖的强度等级与烧结黏土砖相同。

除烧结普通砖外，还有硅酸盐类砖，简称不烧砖。它们是由硅酸盐材料压制成型并经高压釜蒸压而成。其种类有：灰砂砖、粉煤灰砖、矿渣硅酸盐砖等。其强度等级为MU15～MU25，尺寸与标准砖相同。与烧结普通砖相比，硅酸盐类砖耐久性较差。

园林中的花坛、挡土墙等砌体所用的砖须经受雨水、地下水等侵蚀，故采用黏土烧结实心砖、烧结煤矸石砖等，而灰砂砖、粉煤灰砖、矿渣硅酸盐砖等则不宜使用。

2. 石材

石材的抗压强度高，耐久性好。石材的强度等级可分为：MU100、MU80、MU60、MU50、MU40、MU30等。它是由把石块做成边长为70mm的立方体，经压力机压至破坏后，得出的平均极限抗压强度值来确定的。石材按其加工后的外形规则程度可分为料石和毛石。

（1）料石　料石亦称条石，系由人工或机械开采的较规划的六面体石块，经人工略加凿琢而成，依其表面加工的平整程度分为毛料石、粗料石、半细料石和细料石四种。毛料石一般仅稍加修整，厚度不小于20cm，长度为厚度的1.5～3倍；粗料石表面凸凹深度要求不大于2cm，厚度和宽度均不小于20cm，长度不大于厚度的3倍；半细料石除表面凸凹深度要求不大于1cm外，其余同粗料石；细料石经细加工，表面凸凹深度要求不大于0.2cm，其余同粗料石。料石常由砂岩、花岗岩、大理石等质地比较均匀的岩石开采琢制，至少有一面的边角整齐，以便互相合缝，主要用于墙身、踏步、地坪、挡土墙等。粗料石部分可选来用于毛石砌体的转角部位，控制两面毛石墙的平直度。

（2）毛石　毛石是由人工采用撬凿法和爆破法开采出来的不规则石块。由于岩石层理的关系，往往可以获得相对平整的和基本平行的两个面。它适宜用于基础、勒脚、一层墙体。

二、花坛表面装饰材料

花坛的栽植床面一般高出地面十几厘米，边缘石用以固定土壤以防止水土流失和人为践踏。通过装饰材料可以增加花坛的美感，但花坛边缘的形式要简单，色彩要朴素。花坛表面装饰总的原则是应同园林的风格与意境相协调，色调上或淡雅或端庄，在质感上或细腻或粗犷，与花坛内的花卉植物相得益彰。花坛常用的装饰材料有砌体材料、抹灰材料和贴面材料三大类。

1. 砌体材料

花坛砌体材料主要是砖、石块、卵石等，通过选择砖、石的颜色、质感，以及砌块的组合变化，砌块之间勾缝的变化，形成美的外观。石材通过留自然荒包、打钻路、扁光、钉麻丁等表面加工方式可以得到不同的表面效果。

（1）勾缝类型（图 6-1）

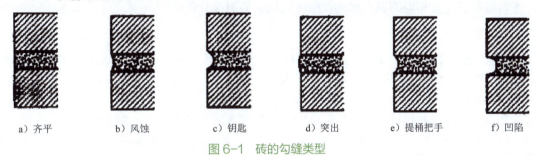

a）齐平　　b）风蚀　　c）钥匙　　d）突出　　e）提桶把手　　f）凹陷

图 6-1　砖的勾缝类型

1）齐平：齐平是一种平淡的装饰缝，雨水直接流经墙面，适用于露天的情况。通常用泥刀将多余的砂浆去掉，并用木条或麻袋布打光。

2）风蚀：风蚀的坡形剖面有助于排水。其上方 2～3mm 的凹陷在每一砖行产生阴影线。有时将垂直勾缝抹平以突出水平线。

3）钥匙：钥匙是用窄小的弧线工具压印的更深的装饰缝。其阴影线更加美观，但对于露天的场所不适用。

4）突出：突出是将砂浆抹在砖的表面。它起到很好的保护作用，并伴随着日晒雨淋而形成迷人的乡村式外观。可以选择与砖块的颜色相匹配的砂浆，或用麻布进行打光。

5）提桶把手：提桶把手的剖面图是曲线形的，利用圆形工具获得，该工具是镀锌桶的把手。提桶把手适度地强调了每块砖的形状，而且能防日晒雨淋。

6）凹陷：凹陷是利用特制的"凹陷"工具将砖块间的砂浆方方正正地按进去，强烈的阴影线夸张地突出了砖线。本方法只适用于非露天的场地。

（2）勾缝装饰（图 6-2）

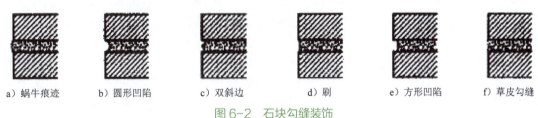

a）蜗牛痕迹　　b）圆形凹陷　　c）双斜边　　d）刷　　e）方形凹陷　　f）草皮勾缝

图 6-2　石块勾缝装饰

1）蜗牛痕迹：蜗牛痕迹使线条纵横交错，使人觉得每一块石头都与相邻的石头相配。当砂浆还是湿的时候，利用工具或小泥刀沿勾缝方向划平行线，使砂浆砌合得更光滑、完整。

2）圆形凹陷：利用湿的卵石（或弯曲的管子或塑料水管）在湿砂浆上按入一定深度。这使得每块石头之间形成强烈的阴影线。

3）双斜边：利用带尖的泥刀加工砂浆，产生一种类似鸟嘴的效果。本方法需要专业人士去完成，以求达到美观的效果。

4）刷："刷"是在砂浆完全凝固之前，用坚硬的铁刷将多余的砂浆刷掉而呈现的外观效果。

5）方形凹陷：如果是正方形或长方形的石块，最好使用方形凹陷。方形凹陷需使用专用工具。

6）草皮勾缝：利用泥土或草皮取代砂浆，只有在石园或植有绿篱的清水石墙上才适用。要便勾缝中的泥土与墙的泥土相连以保证植物根系的水分供应。

2. 抹灰材料

一般花坛的抹灰用水泥、石灰砂浆等材料。它们虽然施工简单，成本低，但装饰效果差。比较高级的花坛则用水刷石、水磨石、斩假石、干黏石、喷砂、喷涂及彩色抹灰等。这些材料装饰效果较好。

装饰抹灰所用的材料，主要是起色彩作用的石渣、彩砂、颜料及白水泥等。

（1）彩色石渣　彩色石渣是由大理石、白云石等石材经破碎而成的，用于水刷石、干黏石等，要求颗粒坚硬、洁净，含泥量不超过2%。使用前根据设计要求选择好品种、粒径和色泽，并应进行清洗除去杂质，按不同规格、颜色、品种分类保洁放置。

（2）花岗岩石屑　花岗岩石屑主要用于斩假石面层，平均粒径为2～5mm，要求洁净，无杂质和泥块。

（3）彩砂　彩砂有用天然石屑的，也有烧制成的彩色瓷粒，主要用于外墙喷涂。其颗粒粒径约1～3mm，要求其彩色稳定性好，颗粒均匀，含泥量不大于2%。

（4）其他材料

1）颜料：要求耐碱、耐日晒的矿物颜料。掺量不大于水泥用量的12%，作为配制装饰抹灰色彩的调刷材料。

2）胶黏剂：通常拌入水泥中增加黏结能力，目的是加强面层与基层的黏结，并提高涂层（面层）的强度及柔韧性，减少开裂。

3）有机硅增水剂：如甲基硅醇钠。它是无色透明液体，主要在装饰抹灰面层完成后，喷于面层之外，可起到增水、防污作用，从而提高饰面的洁净及耐久性。也可掺入聚合物水泥砂浆进行喷涂、滚涂、弹涂等。该液体应密封存放，并应避光直射及长期暴露于空气中。

4）氯偏磷酸钠：主要用作喷漆、滚涂等调制色浆的分散剂，使颜料能均匀分散和抑制在水泥中游离成分的析出。一般掺量为水泥用量的1%。储存要用塑料袋封闭，做到防潮和防止结块。

装饰抹灰所用的材料的产地、品种、批号、色泽应力求相同，能做到专材专用。在配合比上要统一计量配料，并达到色泽一致。选定的装饰抹灰面层对其色彩确定后，应对所用材料事先看样订货，并尽可能一次将材料采购齐，以免不同批次的来货不同而造成色差。所用材料必须符合国家有关标准，如白水泥的白度、强度、凝结时间必须符合标准，各种颜料、有机硅增水剂、氯偏磷酸钠分散剂等都应符合各自的产品标准。总之，有些新产品材料在使用前要详细阅读产品说明书，了解各项指标性能，从而可进行检验及按产品说明要求进行操作使用。

3. 贴面材料

花坛贴面材料通常用于装饰和保护花坛表面，以下是一些常见的贴面材料：

（1）饰面砖　饰面砖有釉和无釉两种，常见规格包括200mm×100mm×12mm、

150mm×75mm×12mm、75mm×75mm×8mm、108mm×108mm×8mm 等。

（2）饰面板　用于装饰和保护花坛表面，提供美观和耐久性。

（3）青石板　一种自然石材，常用于园林景观中，提供自然和古朴的外观。

（4）水磨石饰面板　水磨石饰面板通过打磨和抛光处理，提供光滑的表面和更好的耐久性。

（5）透水砖　透水砖允许水分渗透，适合用于需要良好排水性能的花坛。

（6）陶瓷锦砖　陶瓷锦砖是由优质瓷土烧制成的小瓷砖拼成各种图案的贴面材料，用于装饰墙面。

为了选择最合适的贴面材料，通常要统筹考虑花坛的用途、环境条件、维护以及美观等方面的需求。

课中学习

工作流程

定点放线 → 花坛基础施工 → 花坛墙体的砌筑 → 花坛表面装饰 → 花坛种植床整理

操作步骤

把花坛及花坛群搬到地面上去，就必须要经过定点放线、花坛基础施工、花坛墙体的砌筑、花坛表面装饰、花坛种植床整理等几道工序，如视频6-2所示。要根据施工复杂程度准备工具，常用工具为皮尺、绳子、木桩、木槌、石灰粉、铁锹、经纬仪、水泥、砂、砖、表面装饰材料（如文化石、釉面砖等），并按规范要求清理施工现场。

视频6-2
花坛施工

1. 定点放线

根据设计图和地面坐标系统的对应关系，用不同方法把花坛群坐标测设到地面上，再把纵横中轴线上的其他中心点的坐标测设下来，将各中心点连线即在地面上放出了花坛群的纵横线。据此可量出各处个体花坛的中心，最后将各处个体花坛的边线放到地面上就可以了。

1）方格网放样。在图纸上以一定的尺寸画好方格网，然后在实地依相应的比例划出实地方格（通常为1m×1m），再参照现有的地物进行放线。该法较为粗放，当地形较为复杂或施工地域较大时，这种方法只能作为参考。

2）平板仪联合法。用平板仪定出目标点的方向，用测量工具在这个方向上定出距离，从而确定这个目标点的位置。

3）全站仪法。应用全站仪可实现自动测角、自动测距、自动计算和自动记录。由于所有的计算是由全站仪自动完成，所以放线过程中不会受到参与者个人的主观影响。

2. 花坛基础施工

放线完成后，开挖墙体基槽，基槽的开挖宽度应比墙体基础宽10cm左右，深度根据设计而定，一般在12～20cm之间。槽底土面要整齐、夯实，有松软处要进行加固，不得留下不均匀沉降的隐患。在砌基础之前，槽底应做一个 3～5cm 厚的粗砂垫层，作基础施工找平用。

3. 花坛墙体的砌筑

视频 6-3
花坛墙体及面层施工

花坛工程的主要工序就是砌筑花坛墙体。墙体一般用砖砌筑，高 15～45cm，其基础和墙体可用 1∶2 水泥砂浆或 M2.5 混合砂浆砌 MU7.5 标准砖做成。墙砌筑好之后，回填泥土将基础埋上，并夯实泥土。再用水泥和粗砂配成 1∶2.5 的水泥砂浆，对墙抹面，抹平即可，不要抹光；或按设计要求勾砖缝，如视频 6-3 所示。

如果用普通砖砌筑，普通砖墙厚度有半砖、一砖、四分之三砖、一砖半、二砖等，常用砌合方法有一顺一丁、三顺一丁、梅花丁、条砌法等，如图 6-3 所示。一顺一丁式的特点是整体性好，但墙体交接处砍砖较多；全顺式是每皮均以顺砖组砌，上下皮左右搭接为半砖，适用于模数型多孔砖的半砖厚墙体砌合；两平一侧式只适用于 180mm 厚墙体；顺丁相间式的特点是砌筑较难，墙体整体性较好，外形美观，常用于清水砖墙。

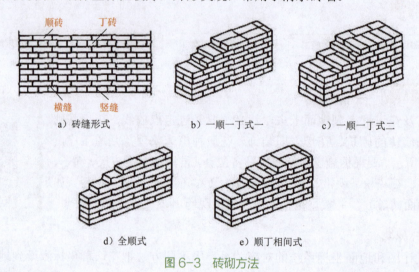

图 6-3 砖砌方法

> **提示**
>
> 挑选砌体材料"一摸二看三测"口诀：一摸是挑材料，感受材料面层的平整度和不同质感，棱角分明，无弯曲，无变形，规格一致；二看是看材料表面色彩，尽可能一致不要有色差，外墙材料规整；三测量是通过计算模数材料并进行测量精度。

砌筑砖砌体时，砖应提前 1～2 天浇水湿润。砖墙的水平灰缝厚度和竖向灰缝宽度一般为 10mm，但不应小于 8mm，也不应大于 12mm。灰缝的砂浆应饱满，水平灰缝的砂浆饱满度不得低于 80%。实心黏土砖用作基础材料，这是园林中作花坛砌体工程常用的基础形式之一。它是属于刚性基础，以宽大的基底逐步收退，台阶式的收到墙身厚度，收退多少应按图纸实施，一般等高式大放脚每两皮一收，每次收退 60mm（1/4 砖长）；间隔式大放脚是两层一收及间一层一收交错进行。

如果用毛石块砌筑墙体，其基础采用 C7.5～C10 混凝土，厚 6～8cm，砌筑高度由设计而定，为使毛石墙体整体性强，常用料石压顶或钢筋混凝土现浇，再用 1∶1 水泥砂浆勾缝或用石材本色水泥砂浆勾缝作装饰。

4. 花坛表面装饰

首先采用 1∶3 水泥砂浆打底，厚 12mm，底层灰浆要刮平、找出规矩并表面刷毛。振实砂浆至铺设高度后，将板块掀起移至一旁，检查砂浆表面与板块之间是否相吻合，如发现有空虚之处，应用砂浆填补。底层灰浆凝固后，将已湿润的板块背面均匀地抹上 2～3mm 厚的素水泥浆，随即黏贴在墙面上，用木锤轻敲，使其黏贴牢固，同时用靠尺找平找直，如图 6-4、图 6-5 所示。安放时四角同时往下落，用橡皮锤或木锤轻击木垫板，根据水平线用铁水平尺找平，铺完第一块，向两侧和后退方向顺序铺砌。施工完毕后，用清水将饰面冲洗干净。

图 6-4　花坛饰面施工

图 6-5　花坛转角饰面施工

5. 花坛种植床整理

在已完成的边缘石圈子内，进行翻土作业。一面翻土，一面挑选、清除土中杂物，一般花坛土壤翻挖深度不应小于 25cm，若土质太差，应当将劣质土全清除掉，另换新土填入花坛中。在填土之前，先填进一层肥效较长的有机肥作为基肥，然后才填进栽培土。

一般的花坛，其中央部分填土应该较高，边缘部分填土则应低一些。单面观赏的花坛，前边填土应低些，后边填土则应高些。花坛土面应做成坡度为 5%～10% 的坡面。在花坛边缘地带，土面高度填至填体顶面以下 2～3cm，之后经过自然沉降，土面即降到比缘石顶面低 7～10cm 之处，这就是边缘土面的合适高度。花坛内土面一般要填成弧形面或浅锥形面，单面观赏花坛的上面则要填成平坦土面或是向前倾斜的直坡面。填土达到要求后，要把上面的土粒整细、耙平，以备植物图案放线，栽种花卉植物。

> **课后练习**

1）花坛砌体的材料有哪些，如何进行花坛砖墙砌体砌筑？
2）如何在施工中检查花坛砌体垂直度和平整度？
3）花坛外表装饰途径和方法有哪些？
4）花坛贴面的顺序如何，如何解决转角贴面和弧形贴面问题？
5）实训报告：要求每个小组完成一份任务总结（见实训项目七）。

任务二　园林挡土墙施工

课前自学

一、园林挡土墙的常见材料

古代传统有用麻袋、竹筐取土，或者用铁丝笼装卵石成"石龙"，堆叠成庭园假山的陡坡，以取代挡土墙，也有用连排木桩插板作挡土墙的，但这些土、铁丝、竹木材料都用不太久，所以现在的挡土墙常用石块、砖、混凝土、钢筋混凝土等硬质材料构成。

1. 石块

不同大小、形状和地区的石块，都可以用于建造挡土墙。

石块一般有两种形式：毛石（或天然石块）和加工石。

无论是毛石或加工石用来建造挡土墙都可使用下列两种方法：浆砌法和干砌法。浆砌法就是将各石块用黏结材料黏合在一起。干砌法是不用任何黏结材料来修筑挡土墙，此种方法是将各个石块巧妙地镶嵌成一道稳定的砌体，由于重力作用，每块石头相互咬合十分牢固，增加了墙体的稳定性。

2. 砖

砖也是挡土墙的建造材料，它比起石块，能形成平滑、光亮的表面。砖砌挡土墙需用浆砌法。

3. 混凝土和钢筋混凝土

挡土墙的建造材料还有混凝土，既可现场浇筑，又可预制。现场浇筑具有灵活性和可塑性；预制混凝土件则有不同大小、形状、色彩和结构标准。从形状或平面布局而言，预制混凝土件没有现浇的那种灵活和可塑特性。有时为了进一步加固，常在混凝土中加钢筋，成为钢筋混凝土挡土墙，也可分为现浇和预制两种，外表与混凝土挡土墙相同。

4. 木材

粗壮木材也可以作挡土墙，但须进行加压和防腐处理。用木材作挡土墙，其目的是使墙的立面不要有耀眼和突出的效果，特别能与木建筑产生统一感。其缺点是没有其他材料经久耐用，而且还需要定期维护，以防止其受风化和潮湿的侵蚀。木质墙面最易受损害的部位是与土地接触的部分，因此，这一部分应安置在排水良好的地方，尽量保持干燥。实际工程中应用较少。

二、园林挡土墙的构造类型

园林中一般挡土墙的构造情况有如下几类（图6-6）：

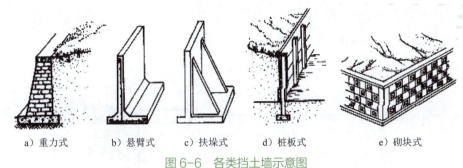

图 6-6　各类挡土墙示意图

a）重力式　　b）悬臂式　　c）扶垛式　　d）桩板式　　e）砌块式

1. 重力式挡土墙

这类挡土墙依靠墙体自重取得稳定性，在构筑物的任何部分都不存在拉应力，砌筑材料大多为砖砌体、毛石和不加钢筋的混凝土。用不加筋的混凝土时，墙顶宽度至少应为200mm，以便于混凝土浇筑和捣实。基础宽度则通常为墙高的1/3或1/5。从经济的角度来看，重力墙适用于侧向压力不太大的地方，墙体高度以不超过1.5m为宜，否则墙体断面增大，将使用大量砖石材料，其经济性反而不如其他的非重力式墙。园林中通常都采用重力式挡土墙。

2. 悬臂式挡土墙

悬臂式挡土墙断面通常作L形或倒T形，墙体材料都是用混凝土。墙高不超过9m时，都是经济的。3.5m以下的低矮悬臂墙，可以用标准预制构件或者预制混凝土块加钢筋砌筑而成。根据设计要求，悬臂的脚可以向墙内一侧、墙外一侧或者墙的两侧伸出，构成墙体下的底板。如果墙的底板伸入墙内侧，便处于它所支承的土壤下面，也就利用了上面土壤的压力，使墙体自重增加，可更加稳固墙体。

3. 扶垛式挡土墙

当悬臂式挡土墙设计高度大于6m时，在墙后加设扶垛，连起墙体和墙下底板，扶垛间距为1/2～2/3墙高，但不小于2.5m。这种加了扶垛壁的悬臂式挡土墙，即被称为扶垛式墙。扶垛壁在墙后的，称为后扶垛墙；若在墙前设扶垛壁，则叫前扶垛墙。

4. 桩板式挡土墙

预制钢筋混凝土桩，排成一行插入地面，桩后再横向插下钢筋混凝土栏板，栏板相互之间以企口缝相连接，这就构成了桩板式挡土墙。这种挡土墙的结构体积最小，也容易预制，而且施工方便，占地面积也最小。

5. 砌块式挡土墙

按设计的形状和规格预制混凝土砌块，然后用砌块按一定花式做成挡土墙。砌块一般是实心的，也可做成空心的。但孔径不能太大，否则挡土墙的挡土作用就降低了。这种挡土墙的高度在1.5m以下为宜。用空心砌块砌筑的挡土墙，还可以在砌块空穴里充填树胶、营养土，并播种花卉或草籽，以保证水分供应；待花草长出后，就可形成一道生趣盎然的绿墙或花卉墙。这种与花草种植结合一体的砌块式挡土墙，被称为"生态墙"。

三、挡土墙的剖面细部构造

挡土墙的剖面细部构造如图 6-7 所示：

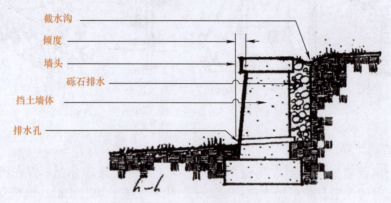

图 6-7　挡土墙的剖面细部构造示意图

四、园林挡土墙的横断面确定——以重力式为例

1. 挡土墙横断面的选择

重力式挡土墙常见的横断面形式有以下 3 种（如图 6-8 所示）：

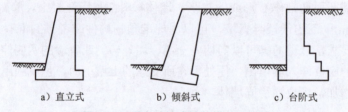

图 6-8　重力式挡土墙的横断面形式

① 直立式：直立式挡土墙指墙面基本与水平面垂直，但也允许有 10:0.2～10:1 的倾斜度的挡土墙。直立式挡土墙由于墙背所承受的水平压力大，只适用于几十厘米到两米左右高度的挡土墙。

② 倾斜式：倾斜式挡土墙常指墙背向土体倾斜，倾斜坡度在 20°左右的挡土墙。这种形式承受水平压力相对减少，同时墙背坡度与天然土层比较密贴。倾斜式挡土墙可以减少挖方数量和墙背回填土的数量，适用于中等高度的挡土墙。

③ 台阶式：对于更高的挡土墙，为了适应不同土层深度的土压力和利用土的垂直压力增加稳定性，可将墙背做成台阶形。

2. 挡土墙横断面尺寸的确定

挡土墙横断面的结构尺寸应根据墙高来确定，如图 6-9 所示。表 6-1 中的数据可作为参考。挡土墙力学计算是十分复杂的工作，实际工作中较高的挡土墙则必须经过结构工程师专门计算，保证稳定，方可施工。

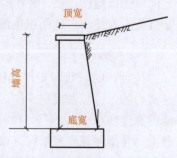

图 6-9　浆砌块石挡土墙尺寸图

表 6-1 重力式浆砌块石挡土墙尺寸表　　　　　　　　　　（单位：cm）

类别	墙高	顶宽	底宽	类别	墙高	顶宽	底宽
1:3 白灰 浆砌	100	35	40	1:3 水泥 浆砌	100	30	40
	150	45	70		150	40	50
	200	55	90		200	50	80
	250	60	115		250	60	100
	300	60	135		300	60	120
	350	60	160		350	60	140
	400	60	180		400	60	160
	450	60	205		450	60	180
	500	60	225		500	60	200
	550	60	250		550	60	230
	600	60	300		600	60	270

五、挡土墙排水处理

挡土墙后土坡的排水处理对于维持挡土墙的安全意义重大，因此应给予充分重视。常用的排水处理方式有：

（1）地面封闭处理　在墙后地面上根据各种填土及使用情况采用不同地面封闭处理以减少地面渗水。在土壤渗透性较大而又无特殊使用要求时，可作 20～30cm 厚夯实黏土层或种植草皮封闭。还可采用胶泥、混凝土或浆砌毛石封闭。

（2）设地面截水明沟　在地面设置一道或数道平行于挡土墙的明沟（图 6-10），利用明沟纵坡将降水和上坡地面径流排除，减少墙后地面渗水。必要时还要设纵、横向盲沟，力求尽快排除地面水和地下水。

（3）内外结合处理　在墙体之后的填土之中，用乱毛石做排水盲沟，盲沟宽不小于 50cm。经盲沟截下的地下水，再经墙身的泄水孔排出墙外。泄水孔一般宽 20～40mm，高以一层砖石的高度为准，在墙面水平方向上每隔 2～4m 设一个，竖向上则每隔 1～2m 设一个。混凝土挡土墙可以用直径为 5～10cm 的圆孔或用毛竹竹筒作泄水孔。有的挡土墙由于美观上的要求不允许墙面留泄水孔，则可以在墙背面刷防水砂浆或填一层厚度 50cm 以上的黏土隔水层；并在墙背面盲沟以下设置一道平行于墙体的排水暗沟。暗沟两侧及挡土墙基础上面用水泥砂浆抹面或做出沥青砂浆隔水层，做一层黏土隔水层也可以。墙后积水可以通过盲沟、暗沟再从沟端被引出墙外，如图 6-11 所示。

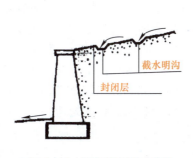

图 6-10　墙后地面排水明沟

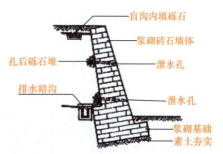

图 6-11　墙背排水盲沟和暗沟

园林工程施工技术

> **课中学习**

挡土墙是在园林建设上用以支持并防止土体坍塌的工程结构体，即在土坡外侧人工修建的防御墙。在园林建设过程中，由于使用功能、植物生长、景观要求等的需要，常将不同坡度的地形按要求改造成所需的场地。挡土墙应保证填土及挡土墙本身的稳定，另外墙身应有足够的强度，以保证挡土墙的安全使用，在施工过程中，当土坡超过容许的极限强度时，原有的土体平衡即遭到破坏，发生滑坡和塌方，所以需在土坡外侧修建挡土墙以维持稳定。

一、干垒挡土墙的施工

> **工作流程**

> **操作步骤**

1. 施工准备工作

准确完整的现场勘察资料、合理的计划安排、优质的材料和合理的方法是施工必备的。同时，施工前应提交完整的现场试验检测数据，包括压实材料的最大干密度和现场土压实度，以证明现场的压实施工满足设计要求，设计中坡度、高度、开挖或回填区域等数据须进行现场测量核实，现场任何变动均应标注在竣工图上。施工前还应与当地城管等部门联系，以确保挖方不造成对地下管线等设施的破坏。所选择的石料必须是质地坚硬，不易风化，没有裂缝且大致方正的块石，其厚度不宜大于20cm，其抗水性、抗冻性、抗压强度等均应符合施工详图或有关技术规定。石料使用前应先清除泥土和水锈杂质，砌体表面的石料必须平整，如视频6-4所示。

视频6-4
干垒挡土墙的施工

2. 地基和垫层的施工

按设计进行边线和坡度的开挖，应尽量避免超挖，并确保开挖后的安全坡度，干垒挡土墙一般建在两种地形条件下：

1）需开挖的地形。对于承力比较大的挡土墙工程，施工时应考虑不造成对周围建筑物结构地基承载力的影响。地基须按设计宽度和深度开挖。在开挖过程中应检查地基土是否满足设计中对该土质的假设。

2）需加填的地形。对那些不满足要求的地基土应进行换土，所换入的土应满足设计要求，且相对于该土最大干密度的密实度应大于95%。垫层则要采用压实的碎石或素混凝土。用碎石作垫层时，应使用板式振动机压实至95%。施工中应使垫层平整以确保干垒块与垫层材料接合严密，可用一薄层低标号混凝土在已压实的垫层上进行找平，以提高施工速度。垫层的厚度应不小于150mm。垫层各边距墙趾和墙踵至少150mm。对于地基土承载力较弱，地下水位接近地基土或淹没地基土等情形，应使用土工布等材料做特殊处理。

3. 干垒块的摆放和排水

为确保工程质量，首层干垒块的摆放非常重要。首层干垒块应切掉后缘，确保与垫层接合严密，准确码放并保持水平。干垒挡土墙后面应填以排水骨料，排水骨料的厚度不得小于 300mm。为防止排水骨料与土体掺混，可在排水骨料与其后的土体之间放置土工布。排水骨料后的填土应分层压实，每 150～200mm 进行一次，密实度应不小于 95%。在距墙面 1m 内只可用手动压实设备。集水问题需安装排水管解决。排水管可用 PVC 管或塑料波纹管。可用土工布将排水管包上以起到滤土作用。排水管应能使挡土墙集水靠重力排出墙外。排水管的出口应与墙外集水井连接或与墙后不影响墙体稳定的集水口连接。主排水管直径不应小于 75mm，辅排水管应靠重力排水或与主排水管的侧壁相连，辅排水管间距不大于 15m。干垒挡土墙对基础的要求低，基础开挖量一般比其他形式的挡墙少并无须特别处理。正常情况下只要保证地基土有足够的密实度并设置≥150mm 的夯实好的级配碎石或素混凝土垫层即可。

确保排水骨料与已摆放的干垒块齐平或略低。清理干垒块顶部的杂土后再放层干垒块，放置时确保错台连锁以形成抗剪连接。调整干垒块位置保证平直度与水平度。若干垒块挡土墙须使用拉结网片，通常应从墙前至压实的加筋土区满铺，拉结网片的强度和材料须满足设计要求。拉结网片应与墙体垂直方向按设计标高水平摆放，网片应平整并用铁丝固定，如图 6-12 所示。墙前处拉结网片的衔接不可缝制搭接，须衔接时应采用对接并确保无间隙。拉结网片铺放就位后，在墙后放置排水骨料和回填加筋土，土体厚度 150～200mm，压实度不小于 95%。土体回填和压实过程中应避免拉结网片的破坏，如起皱和移动等。大型施工设备或车辆不得直接在拉结网片上压碾，工作时其表面至少覆以 150mm 厚的填土。

图 6-12　干垒块和网片

4. 收尾工作

压顶块的安装和清场是施工的主要收尾工作，可选择在干垒块顶部安装压顶块。压顶块应由砂浆等黏结材料与下部块体黏结在一起。在墙后填土的顶层应铺至少 300mm 厚的低渗水率的填土，以减少墙顶面的地表水渗入加筋土区。

二、钢筋混凝土挡土墙的施工

工作流程

操作步骤

1. 基槽挖土方

工程挖基槽土方采用挖掘机及人工配合进行开挖。挖基配合墙体施工分段进行，先测量放线，定出开挖中线及边线、起点及终点，设立桩标，注明高程及开挖深度，用反铲挖掘机开挖,多余的土方装车外运弃土。在施工过程中,应根据实际需要设置排水沟及集水坑进行施工排水,保证工作面干燥以及基底不被水浸。

2. 地基处理和碎石垫层施工

当挖基发现有淤泥层或软土层时,需进行换土处理,报请监理工程师及业主批准后,才可进行施工。根据设计图纸现浇钢筋混凝土挡土墙的基础垫层为10cm厚C10混凝土垫层。

3. 钢筋安装和现浇混凝土基础

现浇钢筋基础先安装基础钢筋,预埋墙身竖向钢筋,待基础浇灌混凝土完后且混凝土强度达到2.5MPa后,进行墙身钢筋安装。预制钢筋混凝土挡土墙的基础钢筋分二次安装,第一次安装最底层的钢筋,基础达到一定强度,安装好预制墙身后,再安装第二阶的基础钢筋。

按挡土墙分段长度,整段进行一次性浇灌,在清理好的垫层表面测量放线,立模浇灌。

4. 现浇墙身混凝土

现浇钢筋混凝土挡土墙与基础的结合面,应按施工缝处理,即先进行凿毛,将松散部分的混凝土及浮浆凿除,并用水清洗干净,然后架立墙身模板,混凝土开始浇灌时,先在结合面上刷一层水泥浆或垫一层2~3cm厚的1:2水泥砂浆再浇灌墙身混凝土。混凝土由混凝土加工厂加工,用混凝土运输车运至现场,在墙顶搭设平台,用吊机吊送混凝土至平台进行浇灌,混凝土浇灌从低处开始分层均匀进行,分层厚度一般为30cm,采用插入式振捣器振捣,振捣棒移动距离不应超过其作用半径的1.5倍,并与侧模保持5~10cm的距离,切勿漏振或过振。在混凝土浇灌过程中,如表面泌水过多,应及时将水排走或采取逐层减水措施,以免产生松顶,浇灌到顶面后,应及时抹面,定浆后再二次抹面,使表面平整。

墙身模板采用光面七夹板拼装,竖枋用8cm×10cm,枋间距为40cm,用钢管作围楞,用8cm×10cm的木枋作斜撑进行支撑,侧模用M16的螺栓对拉定位,螺栓间距为80cm,螺栓穿孔可采用内径为20~25cm的硬塑料管,拆模时,将螺栓拔出,再用1:2水泥砂浆堵塞螺栓孔,墙身模板视高度情况分一次立模到顶和二次立模,一般4m高之内为一次立模,超过4m高的可分二次立模,亦可一次立模。当混凝土落高大于2.0m时,要采用串筒输送混凝土入仓,或采用人工分灰,避免混凝土产生离析,如图6-13所示。

混凝土浇灌过程中应派出木工、钢筋工、电工及试验工在现场值班,发现问题及时处理。

混凝土强度件制作应在现场拌和地点或浇灌地点随机制取,每工作班应制作不少于2组试件(每组3块)。

混凝土浇灌完进行收浆后,应及时洒水养护,养护时间最少不得小于7天,在常温下一般24小时即可拆除墙身侧模板,拆模时,必须特别小心,切莫损坏墙面,如图6-14所示。

在浇筑墙身时要注意伸缩缝、沉降缝及泄水孔的处理。现浇灌钢筋混凝土挡土墙的伸缩缝和沉降缝宽2cm(施工时缝内夹2cm厚的泡沫板或木板,施工完后抽出木板或泡沫板),从墙顶到基底沿墙的内、外、顶三侧填塞沥青麻丝,深15cm。挡土墙泄水孔为直径10cm的硬质空心管,泄水孔进口周围铺设50cm×50cm×50cm碎石,碎石外包土工布,下排泄水孔进口的底部铺设30cm厚的黏土层并夯实。

图 6-13 钢筋安装和现浇混凝土基础

图 6-14 拆除模板

课后练习

1）挡土墙中干垒块如何进行摆放？
2）挡土墙伸缩缝、沉降缝及泄水孔的处理方式是什么？
3）挡土墙排水处理方式有哪些？
4）钢筋混凝土挡土墙现浇墙身混凝土需要注意哪几方面？
5）挡土墙回填土时应注意的问题有哪些？
6）实训报告：要求每个小组完成一份任务总结（见实训项目八）。

任务三　亭施工

课前自学

一、亭的类型

在众多类型的亭中，方亭最常见，它简单大方。圆亭更秀丽，但额坊挂落和亭顶都是圆的，施工要比方亭复杂。在亭的类型中还有半亭和独立亭、桥亭等，多与走廊相连，依壁而建。亭的平面形式有正方、长方、五角、六角、八角、圆、梅花、扇形等。亭顶除攒尖以外，歇山也相当普遍。现代亭中根据材料又可分为木亭、钢亭、草亭、石亭等等。

二、亭的基本构造

景亭一般由亭顶、亭柱（亭身）、台基（亭基）三部分组成。亭的结构繁简不一，但一般较为简单，即使传统的木结构亭，施工上较繁杂一些，但其各部构件仍可按形预制而成，使亭的结构及施工均较为简便，造价经济。尤其是亭的建造，适于采用竹、木、砖瓦等地方性传统材料，如今更多的是用钢筋混凝土或兼以轻钢、铝合金、玻璃钢、镜面玻璃、充气塑料等新材料组建而成。

1. 亭顶

亭的顶部梁架可用木材制成，也可用钢筋混凝土或金属铁架等。亭顶一般分为平顶和

141

尖顶两类。形状有方形、圆形、多角形、仿生形、十字形和不规则形等。顶盖的材料则可用瓦片、稻草、茅草、树皮、木板、树叶、竹片、柏油纸、石棉瓦、塑胶片、铝片、铁皮等。

2. 亭柱和亭身

亭柱的结构因材料而异。制作亭柱的材料有钢筋混凝土、石料、砖、树干、木材、竹竿、钢木等。亭一般无墙壁，故亭柱在支撑顶部重量及美观要求上都极为重要。亭身大多开敞通透，置身其间有良好的视野，便于眺望、观赏。柱间下部常设半墙、坐凳或鹅颈椅，供游人坐憩。柱的形式有方柱（海藻柱、长方柱、下方柱等）、圆柱、多角柱、梅花柱、瓜楞柱，多段绘成或雕成各种花纹以增加美观。

3. 台基

台基（亭基）多以混凝土为材料，若地上部分的负荷较重，则需加钢筋、地梁；若地上部分负荷较轻，如用竹柱、木柱盖以稻草的亭，则仅在亭柱部分掘穴以混凝土作基础即可。不同形式和材质的景亭，其结构做法也不同。

三、特殊种类亭的施工注意事项

1. 草亭施工

草亭可就地取材，做法自然亲切，充分利用地方材料，柱可用树干，如松杉、棕榈等（现常用钢筋混凝土仿树建造），体现自然、朴实、粗犷质感。额枋、挂落、坐凳可用半个圆木代之，或棕榈树干做成，唯匾额宜稍精致。攒尖式亭顶宜用直径50～100mm树棍或竹竿间隔200mm左右做桁椽，构成亭顶骨架，再以花纹竹席打底，铺一层卷材防水，竹片压条顺水间隔200mm，用16号铁丝绑扎，最上层可用茅草或稻草覆盖，竹篾绑扎。也有用仿茅草的加气中空水泥浆拉抹做成草顶盖的尝试，效果不错。

基础可用预制混凝土块，预埋边长为2～50mm的正方形燕尾扁铁，上留直径14mm孔。再以2个M12mm对销螺栓即可。

就地取材的野趣式草棚和自然式草堂和海滨浴场之草凉亭，如图6-15所示，即为此等上乘之作。

图6-15 海滨浴场的草凉亭

2. 石亭施工

石亭，多摹仿木结构，但因石材材质导致施工构造有局限性，形成其特征"石堆积木"，颇具技巧。其特点：

① 装配式搭置，有利于用混凝土预制品代用。

② 以直代曲，甚为简洁。以简代繁，代替原来木结构所需复杂的多个构件。以缓代陡便于施工架设。石亭亭面粗犷古朴，因石材抗弯性能差，加工所需构件粗大所导致该外观效果。石亭多用花岗岩和混凝土石建造，强度高，加工尚属方便。结构多仿木结构形式，柱截面多用棱柱或海棠柱，下贯地栿，上与檐额枋相连，再加普柏枋。在栌斗上置明栿，栿正中安置栌斗，斗上覆盘石，分置大角梁、斜栿各四，再铺上石板屋面即可。

③ 亭顶构造多用叠涩、挑梁、过梁、角梁等方式。

④ 歇山式石亭则仍可仿用木结构的抹角梁和搭角梁，借助于童柱完成翼角起翘二构成。

3. 竹亭施工

竹亭多仿木结构，但结构更纤巧，选用毛竹作为受力构件，直径在 60～100mm 之间。在搭接头处，内填直径相当之圆木，以免受力时产生应力集中而破裂。在构造或非受力构件中竹径多取 20～50mm。

竹亭亭顶构造有两种：

（1）仿木结构　仿木结构亭顶施工通常采用伞法或大梁法。

（2）含钢筋混凝土或螺栓的亭顶结构　通常采用门式构架法，梁柱相连，一气呵成。主要受力构件用 ϕ100mm 毛竹弯成。

在施工中通常要注意：

1）木结构亭显著的特点是具有榫节，柱须以榫结入，柱下端一般加须弥座处理。

2）柱间可以以园椅（美人椅）、挂落相连接。

3）少数有底板的亭子柱间以梁板处理。

4）木结构的处理，木材要蒸（浸）去皮，木材成料以桐油处理 2 遍，亮漆（光漆）处理 2 遍。

5）竹料在使用过程中，尽量不要用铁钉，因为铁钉易生锈。

6）由于木结构自身受材料的影响和限制，其成品的体量一般较小。

7）木结构易受白蚁等虫害，在后期的养护中要增加油漆工序，也可以石灰水多次防腐，但应用较少。

8）木、竹结构亭易燃，对消防有特殊的要求。

9）竹材必须选用节短、肉厚、质坚，表面光滑的竹材制作，且要符合设计要求。

10）榫眼应选在竹节处。

4. 仿竹木和仿树皮亭施工

亭主要是采用仿竹和仿树皮装修，工序简单，具有自然野趣，可不使用木模板，造价低，工期短。

（1）施工工艺　在砌好的地面台座上，将成型钢筋放置就位，焊接成网片，进行空间吊装就位，并与周围从柱头及面板上皮甩出的钢筋焊牢，再满铺钢板网一层，并与下面钢筋网片焊牢。在钢板网上、下同时抹水泥麻刀灰 1 遍，再堆抹 C20 细石混凝土（坍落度为 0～2mm），并压实抹平，同时用 1:2.5 水泥浆砌筑结合层，并将各个方向的坡度找顺、找直、找平，分 2 次，各抹 1mm 厚水泥砂浆，压光。

（2）装修

1）仿竹亭装修。将亭顶屋面坡分成若干竹垅，截面仿竹搭接成宽 100mm、高 60～80mm、间隔 100mm 的连续曲波形。自宝顶往檐口处，用 1:2.5 水泥浆堆抹成竹垅，表面抹彩色水泥浆，厚 2mm，压光出亮，再分竹节、抹竹芽，将亭顶脊梁做成仿竹竿或仿拼装竹片。做竹节时，加入盘绕的石棉纱绳会更逼真。

2）仿树皮亭装修。顺亭顶坡分 3～4 段，弹线。自宝顶向檐口处按顺序压抹仿树皮色水泥浆，并用工具使仿树皮纹路翘曲自然，按搓通顺。角梁戗背可仿树干，不必太直，略有弯曲。做好节疤，画上年轮。做假树桩时可另加适量棕麻，用铁皮拉出树皮纹。

3）钢筋混凝土材料在园林传统建筑中的运用。首先抓住神似和合适尺度体量是关键，逼真的外观不仅要靠选用合适的尺度，还要求细部处理精致和优良的施工质量，该用木材处还得用木材等传统材料（如挂落、扶手、小木作等）。

5. 蘑菇亭施工注意事项

蘑菇亭粗看如厚边平板亭，实际上野菌亭之檐口深而下垂，构造大小相同，有时还要在亭顶底板下做出菌脉，即可利用轻钢构架外加水泥抹面仿生做成。

再如类似灵芝菌亭，边缘成多折面，因此组成的桁架也是多折式，中心用法兰节头钢管，套于柱顶即成。

课中学习

亭在园林中，既要能成景，成为人们观赏的对象；又要能得景，吸引人们驻足，所以亭的位置经营特别重要。古代匠师在这方面取得了出色的成绩。有的可供人饱览山景，如河北承德避暑山庄中的"锤峰落照""南山积雪""北枕双峰""四面云山"等亭；有的可供人沐浴清风，如苏州园林中的"荷风四面""月到风来"等亭；有的供人欣赏水景，如"观瀑""听涛""饮绿""洗秋"等亭；有的亭以借景取胜，如苏州拙政园的塔影亭将报恩寺塔（见苏州报恩寺塔）借入本园等，它们同时也是从其他景点观赏的目标。亭与廊、墙、桥组合在一起，更可造成别具一格的建筑形式，如扬州瘦西湖的五亭桥、北京北海的五龙亭、广西三江的程阳桥等。

一、混凝土亭施工

工作流程

施工准备工作 → 施工放线 → 地基与基础施工 → 柱身施工 → 亭顶施工

操作步骤

1. 施工准备工作

根据施工方案配备好施工技术人员、施工机械及施工工具，按计划购入施工材料。认真分析施工图，对施工现场进行详细踏查，做好施工准备，如视频6-5所示。

视频6-5 混凝土亭施工

2. 施工放线

在施工现场引进高程标准点后，用方格网控制出建筑基面界线，然后按照基面界线外边各加 1～2m 放出施工土方开挖线。放线时注意区别桩的标志，如角桩、台阶起点桩、柱桩等。

3. 地基与基础施工

根据现场施工条件确定挖方方法，可用人工挖方，也可用人工结合机械挖方。开挖时要注意基础厚度及加宽的要求，挖至设计标高后，基底一般可采用基坑排水，坑边的四周一般可设临时排水沟排水。相隔一定距离，在底板范围外侧设置集水井，如果地下水较高则用深井抽水以降低地下水位。

景亭一般用混凝土基础较多，做混凝土基础时先在夯实的碎石层上浇灌混凝土垫层，浇完 1～2 天后在垫层面测定底板中心，再根据设计尺寸进行放线，定出柱基以及底板的边界线，画出钢筋布线，依线绑扎钢筋，接着安装柱基和底板的模板。在绑扎钢筋时，检查钢筋是否符合设计要求，上下钢筋应以铁掌加以固定，使之在浇捣过程中不发生变位。底板要一次浇完，不留施工缝。混凝土浇捣可用平板浇捣，也可用插入式振动。混凝土浇筑后不得在其上设置脚手架，并安装模板和搬运工具，要做好混凝土的养护工作。基础养护 3～4 天后，可进行亭柱施工。

4. 柱身施工

亭柱一般为方柱和圆柱，方柱一般采用木模法，先按设计规格将模板钉好，然后现浇混凝土，一次性浇完，浇注时要将模板内全部浇满；圆柱目前一般采用油毛毡施工法，即先按设计直径用钢筋预制圆圈，一般每 20cm 放一个，然后将钢筋圆圈与柱配筋绑扎好或焊接好，将已绑扎好的柱筋立起和基础预留的钢筋接口焊接固定，然后用单层油毛毡绕柱包被，用玻璃胶或黏贴胶固定好，再包一层油毛毡，拉紧后封死并绑牢，即可浇注混凝土。无论哪种方法施工，固定模板前都要在内侧涂刷脱模剂。混凝土养护 5～7 天后可脱模。

5. 亭顶施工

亭顶可分预制和现浇两种，构件截面尺寸全仿木结构。亭顶梁架构成手法多用仿抹角梁法、井字交叉梁法和框圈法。由于亭顶采用了以钢板网代替木模板的做法，不使用起重设备，节约了大量木材和工人，还增加了亭顶的刚性。

亭顶多采用琉璃瓦或油毡瓦屋面，由于其简洁、大方，规格多样，在现在亭子顶中得到广泛推广。顶部采用水泥混合砂浆（掺合料为黏土膏，因黏土膏材质与琉璃瓦相同，更能减少由收缩引起琉璃瓦龟裂的现象）作为卧瓦层。30°以下坡屋面直接采用水泥:砂:黏土膏 =1:6.83:0.659 的水泥混合砂浆卧瓦；30°以上坡屋面在基层施工时预埋铜丝挂瓦条与瓦件绑扎，然后再用水泥混合砂浆卧瓦。施工完后的琉璃瓦屋面拼接紧凑，搭接严密，屋脊、檐沟顺直，屋面防水效果好，成型后的观感质量很好。底瓦灰（泥）的厚度一般为 4cm。底瓦应窄头朝下，从下往上依次摆放。底瓦的搭接密度应能做到"三搭头"，即每三块瓦中，第一块与第三块能做到首尾搭头。底瓦灰（泥）应饱满，瓦要摆正，不得偏歪。底瓦垄的高低和直顺程度都应以瓦刀线为准。每块底瓦的瓦翅、宽头的上棱都要贴底瓦垄近瓦刀线。

二、木亭施工

工作流程

木亭施工图纸分析 → 木亭放样 → 基础施工 → 亭底铺装及亭柱施工 → 亭顶施工

操作步骤

1. 木亭施工图纸分析

木亭主体采用木结构，亭顶采用草顶，是休闲观景的好去处。木亭施工图纸主要有平面图、立面图和剖面图，反映木亭的结构和要求。

木亭施工平面图是木亭施工方案在现场空间上的体现，如视频 6-6 所示。认真分析施工图，对施工现场进行详细踏查，做好施工准备。从木亭

视频 6-6
木亭施工

施工图纸上反映施工平面图的尺寸和标高。另外就是主要材料，亭底铺装采用木栈平台，亲和力较强。亭柱基座采用花岗岩雕刻板，柱体和亭顶采用木结构，顶部茅草覆盖。根据图纸和现场分析，其中一块立于场地中的置石上不加修饰，彰显场地精神，设计更为巧妙。之后再根据图纸和施工方案配备好施工技术人员、施工机械及施工工具，按计划购入施工材料。

2. 木亭放样

在施工现场引进高程标准点后，撒石灰粉控制出木亭基面界线，然后按照基面界线外放宽后进行地形的平整。放线时注意区别桩的标志，如角桩、台阶起点桩、柱桩等。应用全站仪可实现自动测角、自动测距、自动计算和自动记录。由于所有的计算是由全站仪自动完成，所以放线过程中不会受到参与者个人的主观影响。

3. 基础施工

根据现场施工条件确定挖方方法，采用人工平整场地。场地平整时要注意基础厚度及加宽的要求，平整至设计标高后，将土夯实进而铺设碎石垫层，如图6-16所示。由于木亭位于较高的地势，因此基础采用钢筋混凝土基础。做钢筋混凝土基础时先在夯实的碎石层上浇灌混凝土垫层，浇完1~2天后在垫层面测定底板中心，再根据设计尺寸进行放线，定出柱基以及底板的边界线，画出钢筋布线，依线绑扎钢筋，接着安装柱基和底板的模板。在绑扎钢筋时，检查钢筋是否符合设计要求，上下钢筋应以铁掌加以固定，使之在浇捣过程中不发生变位，如图6-17所示。底板要一次浇完，不留施工缝。混凝土浇捣可用平板浇捣，也可用插入式振动。混凝土浇筑后不得在其上设置脚手架，并安装模板和搬运工具，要做好混凝土的养护工作。基础养护3~4天后，可进行亭柱施工。混凝土的浇筑应分层连续进行，一般分层厚度为振捣器作用部分长度的1.25倍，最大不超过50cm。

图6-16 基础碎石垫层施工

图6-17 亭柱钢筋施工

用插入式振捣器应快插慢拔，插点应均匀排列，逐点移动，顺序进行，不得遗漏，做到振捣密实。移动间距不大于振捣棒作用半径的1.5倍。振捣上一层时应插入下层5cm，以清除两层间的接缝。平板振捣器的移动间距，应能保证振动器的平板覆盖已振捣的边缘。浇筑混凝土时，应经常注意预埋件有无走动情况。当发现有变形、位移时，应立即停止浇筑，并及时处理好，再继续浇筑。

由于基础底座中间需要设置中心休闲座椅的基础，因此在施工时将其一并施工完成，如图6-18所示。根据设计标高完成基础周边施工后进行基础中间土方的回填，上面再铺设碎石垫层进行木亭底铺装基础的施工，方法同硬质铺地施工，垫层采用单层双向钢筋混凝土结构，间距200mm，然后浇筑混凝土并抹平，如图6-19所示。

图6-18 亭中型休闲座椅基础施工

图6-19 亭浇筑混凝土基础

4．亭底铺装及亭柱施工

（1）亭底木铺装施工　安装前要预先检查木地板制作的尺寸，对成品加以检查，进行校正规方。如有问题，应事先修理好。预先检查固定木龙骨和木地板的预埋件，数量、位置和高程必须准确，埋设牢固，如图6-20所示。安装木龙骨时先在素混凝土垫层上弹出各木龙骨的安装位置线及标高，在木铺装下要提前预留好管线位置，如图6-21所示。将木龙骨放平、放稳，并找好标高，按设计要求方法固定。其间距和稳固方法必须符合设计要求。木龙骨的安装必须牢固、平直。考虑以后木亭晚上照明将管线先预埋在木龙骨之间。钉木地板时将制作好的木地板逐块排紧，用钉钉入木龙骨上，钉长为板厚的2～2.5倍。安装完木板后将板切割整齐达到设计要求，如图6-22所示。木材的材质和铺设时的含水率必须符合木结构工程施工及验收规范的有关规定。木铺装四周采用5cm厚花岗岩收边。

图6-20 铺设木龙骨

图6-21 木铺装下预留管线

图6-22 面层切割

（2）亭柱施工　如图6-23所示，亭柱基部采用天然花岗岩石材，亭柱主体采用的户外防腐木，施工前应在户外阴干到与外界环境的湿度大体相同再施工，使用含水量很大的木材施工安装后会出现较大的变形和开裂。应尽可能使用防腐木材现有尺寸，如需现场加工，应使用相应的防腐剂充分涂刷所有切口及孔洞，以保证防腐木材的使用寿命。所有的连接应使用镀锌连接件或不锈钢连接件及五金制品，以抗腐蚀，绝对不能使用不同金属件，否则很快会生锈，

图6-23 花岗岩石材亭柱基

使木制品结构受到根本损伤。柱安装时用托线板测垂直校正标高，使柱的垂直度、水平度、标高符合设计要求，插入亭柱花岗岩石材基部。由于场地较小，应事先搭设好脚手架并进行亭柱的安装。一般施工时宜采用防腐木画线、弹线、去荒、刨光。通过檐梁与亭柱固定，采用木榫结构并用膨胀螺栓加固。虽然采用的处理后的木材可以防菌、防霉变及白蚁侵蚀，但在工程完工后，待木材干燥或风干后在其表面上使用木材防护漆进行涂刷可以使得防腐木经久耐用。使用户外木材专用漆时应注意首先要充分摇匀，涂饰后需 24 小时的晴天条件，使涂料在木材表面成膜。

5. 亭顶施工

亭顶采用攒尖式木结构作顶部基层，木结构安装施工注意事项同木亭柱和梁，如图 6-24 所示。亭顶宜用厚 50～100mm 木方做桁椽和戗，构成亭顶骨架。木方大小要一致以保障安装时受力均匀。再以木桁椽打底，铺一层卷材防水，最上层可用茅草覆盖，竹篾绑扎，如图 6-25 所示。

图 6-24 亭顶施工

图 6-25 亭施工后效果

课后练习

1）亭基础施工如何进行钢筋的绑扎和混凝土的浇筑？
2）木亭中木构件采用何种措施进行保护？
3）钢构件焊接时应该注意的事项有哪些？
4）亭的基本构造包含哪些，你认为在其施工流程中不同结构亭的施工区别在哪里？
5）在施工现场或实训场地进行木亭的施工操作。

任务四　花架施工

花架是在园林绿地中，利用藤本植物装饰美化建筑棚架的一种垂直绿化形式，可供游人歇息、游览、赏景，也可以与亭、廊、水榭等结合，组成外形美观的园林建筑群。它是以植物材料为顶的廊，既具有廊的功能，又比廊更接近自然、融合于环境之中。花架布局灵活多样，尽可能由所配置植物的特点来构思。形式有条形、圆形、转角形、多边形、弧形、复柱形等。花架常用的建筑材料有竹木材、钢筋混凝土、石材和金属材料等多种。竹材朴实、自然、廉价、易于加工，但耐久性差，竹材限于强度及断面尺寸，梁柱间距不宜过大。钢筋混凝土可根据设计要求浇灌成各种形状，也可做成预制构件，现场安装，灵活多样，经久耐用，使用最为广泛。石材厚实耐用，但运输不便，常用块料作花架柱。金属材料轻巧易制，构件断面及自重均小，采用时要注意使用地区和选择攀缘植物种类，以免灼伤嫩叶枝，并应经常刷油漆养护，以防落漆腐蚀。

课前自学

一、花架的基本构造

花架的造型丰富，其造型变化多体现在顶架的形式，可采用传统的屋架造型，更可采用各种新结构造型，以体现千姿百态之美。花架大体由柱子和格子条构成。柱子根据材料可分为木柱、铁柱、砖柱、石柱、水泥柱、钢木柱等。柱子一般可用混凝土做基础，柱顶端加附格子条，其材料一般为木条（也可用竹竿、铁条），格子条主要由横梁、椽、横木组成。

二、花架的分类

花架常用的分类方式：一是按结构形式分，二是按平面形式分，三是按施工材料分，四是按上部结构受力分。

1. 按结构形式分

（1）单柱花架　即在花架的中央布置柱，在柱的周围或两柱之间设置休息椅凳，供游人休息、聊天、赏景。

（2）双柱花架　又称两面柱花架，即在花架的两边用柱子来支撑，并且布置休息椅凳，游人可在花架内漫步游览，也可坐在其间休息。

2. 按平面形式分

有直线形、曲线形、三角形、四边形、五边形、六边形、七边形、八边形、圆形、扇形以及它们的变形图案。

3. 按施工材料分

一般有木制花架、竹制花架、仿竹制花架、混凝土花架、砖石花架、钢质花架等。木制、竹制与仿竹制花架整体比较轻，适于屋顶花园，也可用于营造自然灵活、充满生活气息的园林小景。钢质花架富有时代感，且空间感强，适于与现代建筑搭配，在某些规划水景平台上采用效果也很好。混凝土花架寿命长，且能有多种色彩，样式丰富，可用于多种设计环境。

4. 按上部结构受力分

（1）简支式　多由两根支柱、一根横梁组成。

（2）拱门钢架式　材料多用钢筋、轻钢、混凝土制成。

（3）悬臂式　又分单挑和双挑。

三、花架的功能特点

花架既是攀缘植物的支架,那么使植物得到充分的光照及通风条件,保证植物的正常生长,就是花架本身最重要的功能。因为植物所提供的生态效益比起花架体的造型美对提高城市环境的质量具有更重要的意义。

花架是一个空透的游憩空间,尤其在植物生长季节,花架可以提供一个理想的休息及观赏周围景物的场所。花架虽能较好地解决遮阳问题但不能避风雨。门架及篱架也不能完全代替门及实体墙的安全保护作用,所以花架的建筑功能具有一定的局限性。

花架可以用来引导交通或阻止车行,在园林中可以构成一个绿色步廊式的导游线。

花架可以作景框使用,将园中最佳景色收入画面。花架也可以遮挡陋景,用花架的墙体或基础把园内既不美又不能拆除的构筑物(如车棚、人防工事的顶盖等)隐蔽起来。花架还可以用作划分空间和增加景深、层次的材料,是运用传统造园艺术手法的一种较理想的素材。

四、花架应用的一般原则

由于花架的形式结构简单,虽然可以创造出不拘一格的建筑形式,但是因为花架要在不同的园林中起不同的作用,所以它的设计和运用也与公园设计一样,具有相应的规律性,必须给予应有的重视。

1)由于花架要为植物生长创造条件,所以花架位置的选择是十分重要的。按照所栽植物的生物学特性,确定花架的方位、体量、花池的位置及面积等,尽可能使植物得到良好的光照及通风条件。

目前应用于园林中的藤本花架植物不下于几十种,由于它们的生长速度、枝条长短、叶和花的色彩形状各不相同,因此应用花架必须综合考虑所在公园的气候、地域立地条件、植物特性以及花架在园林中的功能作用等因素,避免出现有架无花或花架的体量和植物的生长能力不相适应,致使花不能布满全架以及花架面积不能满足植物生长需要等问题。

2)一般来讲在公共绿地中的花架,须要突出它的组景造景作用和提供游憩设施的功能。这是公共绿地的性质所决定的。公共绿地游人较多,需要充分利用一切设施为游人服务。公共绿地中绿化面积较大,花架在形态、体量、色彩、负载感上都较易与环境形成鲜明的对比,引起游人的注目,能够显著地表现花架组景、造景的美化艺术效果。

3)在专用绿地内花架应当偏重于体现它装饰建筑空间和增加环境绿量的作用。因为专用绿地周围建筑的比重较大,要充分利用任何一块可能被利用的空间来增加绿量改善生态,美化和减弱建筑空间的呆板枯燥形象。花架门、花架墙、花架廊等都是以弥补建筑空间的缺乏和不足来创造花架的形式。

4)作为主景的花架必须突出自身的风格艺术特点。使人感觉亲切的花架,首先要有一个适合于人活动的尺度,花架的柱高不能低于 2m,也不要高出 3m,廊宽也要在 2～3m 之间等等。使人感到壮观的花架,也应在不失灵巧空透的前提下,与环境相协调的基础上,或以攀缘植物的枝、叶、花、果繁茂取胜,或以廊架的引伸漫长、棚架的开阔壮观来体现。花架的造型美往往表现在线条、轮廓、空间组合变化方面及选材和色彩的配合上。但是造型美的集中表现,应当是对植物优美姿态的衬托,以及反映环境的宁静安详或热烈等特定的气氛方面。因此花架的造型不必刻意求奇，否则反倒喧宾夺主，冲淡了花架的植物造景作用。但却可以在线条、轮廓或空间组合的某一方面有独到之处，不失其为一个优美的主景花架。

5）园林中的配景花架受到各种条件的制约。在功能上要满足休憩和观赏周围景色的要求；在艺术效果上要衬托主景，强调主景与环境的过渡。花架形式既要受环境条件的限制，又必须与主景相协调。在以水为主景的园林空间中，若以水面的辽阔平静取胜，那么花架的位置以临水为宜，它的色彩、线条、轮廓应当具有变化丰富的特点。倒影既可点缀水面，又可衬托出水面的辽阔与安静。若是以瀑布喷泉、叠水为主景的动态水体，花架就应当设置在观景最佳的角度及视距处。造型应当简洁，色彩比较淡雅，这种处理会使主景显得热烈而奔放。园林中以植物为主景时，花架的作用往往是以划分空间增加景深为主，色彩与线条要和绿色以及植物的形态成鲜明的对比。以建筑为主景时，花架往往是建筑的延续，作为强调建筑的某种符号来设置，所以其风格和色彩、形式都应当和建筑协调统一，但其以空透的架及优美的植物姿态来装饰建筑的作用就显得十分突出。

课中学习

工作流程

操作步骤

1. 施工准备工作

安装前要按设计图纸翻出样图和节点大样，高低平面处理，收头要事先复核图纸。基层表面平整、光洁、干燥、不起灰。安装前清扫干净，同时柱子间距严格按设计图纸。施工材料要求：

1）碎石垫层采用粗细均匀的碎石，分铺均匀，含泥量不大于10%，石料含泥量过高应用水冲洗。

2）钢筋混凝土采用中粗砂，硅酸盐水泥，2～4cm碎石骨料，含泥量均不大于3%，钢筋按图纸设计，并做好隐检手续，按现行施工规范要求养护。

3）砌体完工阶段应防止雨水冲刷砌体。

4）所有材料须有出厂合格证。

5）砂浆的品种及强度必须符合设计要求。

6）转角处必须同时浇筑。

7）混凝土标号按图纸设计要求，并做好强度检验。

8）钢筋、焊缝要满足施工规范和设计要求。

2. 施工放样

根据基础平面图及开挖深度等计算开挖坡度，定出开挖边线位置。用水准仪把相应的标高引测到水平桩或轴线桩上，并作标记。基坑开挖后，基坑开挖宽度应通线校核，坑底强度应水平标高校核无误后，再把轴线和标高引至基坑，在垫层面上放出基础平面尺寸及地梁位置。基础模板完成后，应按设计图纸校核模板安装的几何尺寸及预留孔洞、管道埋件等位置，在模板的周边放出基础面的标高线，并用钉子或红漆表示。柱的轴线和边线标在延长基础边线外，方便复核。基础完成后，把轴线引测至基础面，并按施工图放出有关的柱等截面尺寸线。

3. 柱子基础施工

对采用混凝土基础或现浇混凝土做的花架或花架式长廊，如施工环境多风、地基不良或这些环境要种瓜果类植物，因其承重力加大，容易造成地基破坏。因此，施工时多用"地龙"，以提高抗风抗压力。

视频 6-7
花架基础施工

"地龙"是基础施工时加固基础的方法。施工时，柱基坑不是单个挖方，而是所有柱基均挖方，成一坑沟，深度一般为 60cm，宽 60～100cm。打夯后，在沟底铺一层素混凝土，厚 15cm，稍干后配钢筋（需连续配筋），然后按柱所在位置，焊接柱配钢筋。在沟内填入大块石，用素混凝土填充空隙，最后在其上再浇 1 遍混凝土。养护 4～5 天后可进行下道工序，如视频 6-7 所示。

4. 柱子施工

视频 6-8
柱脚处理

柱基部分采用 C25 钢筋混凝土基础，采用 ϕ10@150 钢筋网的绑扎，四周两行钢筋交叉点应每点扎牢。浇筑混凝土前应对模板浇水湿润，柱模板的清扫口在清扫后封闭。混凝土的自由倾落高度不宜超过 2m，因此浇注时应在中部开设门洞；使用插入式振动器应快插慢拔，插点要均匀排列，逐点移动，按顺序进行，不得遗漏，做到均匀振实。混凝土浇筑时应派专人经常检查钢筋、预留洞、预埋件、插筋等有无移位、堵塞情况，发现问题及时修整完毕。待混凝土浇筑后加入 320mm×320mm 预埋件（8mm 厚）。养护 3～4 天后将 100mm×100mm 方钢管（5mm 厚）焊接在预埋件上，要注意检查方钢管的垂直度。方钢管涂刷带颜色的涂料时，配料要合适，保证整个花架都用同一批涂料，并宜一次用完，确保颜色一致。柱基根据设计图采用花岗岩贴面，注意转角处接缝处理，最后根据设计图将防腐木条用螺钉固定在方钢管上，如视频 6-8 所示。油漆工程严禁脱皮、漏刷、斑迹，如视频 6-9 所示。

视频 6-9
油漆涂饰工程

钢结构电弧焊接焊前要检查坡口、组装间隙是否符合要求，定位焊是否牢固，焊缝周围不得有油污、锈物。角焊缝起落弧点应在焊缝端部，宜大于 10mm，不应随便打弧。对接焊缝及对接和角接组合焊缝，在焊缝两端设引弧板和引出板，必须在引弧板上引弧后再焊到焊缝区，中途接头则应在焊缝接头前方 15～20mm 处打火引弧，将焊件预热后再将焊条退回到焊缝起始处，把熔池填满到要求的厚度后，方可向前施焊。

5. 格子条安装

在放线且夯实柱基后，直接将木立柱等正确安放在定位点上。沿着柱子排列的方向布置梁，进行格子条施工，直接将横梁架在立柱顶部并用环氧树脂黏结。修整清洁后，最后进行装修刷色，如视频 6-10 所示。对于混凝土花架，现浇装配均可。

视频 6-10
格子条安装

花架纵梁断面一般选择在 80mm×(160～180)mm，可分别视施工构造情况，按简支梁或连续设计，纵梁首头处外挑尺寸常在 750mm，内跨径则在 3000mm 上下。悬臂挑梁除了满足受力要求外，还有起拱和上翘要求，以求视觉效果。一般起翘高度 60～150mm，视悬臂长度而定，搁置在纵梁上的支点可采用 1～2 个。混凝土柱现浇、预制均可。截面一般控制在 150mm×150mm 或 150mm×180mm，若用圆柱截面直径为 160mm 左右。

装修时，格子条可采用已进行防腐处理的菠萝格。

另外对于砖石花架，花架柱在夯实地基后以砖块、石板、块石等虚实对比或镂花砌筑，花架纵横梁用混凝土斩假石或条石制成，块石柱柱截面大于 350mm×350mm，砖柱宽大于 240mm，石柱勾缝有平、凸、凹之分，也可以做清水砖柱。其他同上。

6. 成品保护（图 6-26）

1）混凝土未达到规范规定拆模强度时，不得提前拆模，否则影响混凝土质量。

2）预制的构件在运输、保管和施工过程中，必须采取措施防止损坏。

3）拆除架子时注意不要碰坏柱子和格子条。

4）花架刷色前首先清理好周围环境，防止尘土飞扬，影响刷色质量。

5）刷色完成后应派专人负责看管，禁止触摸。

6）对已完工工程应进行保护，若施工时污染应立即清理干净。

图 6-26 成品保护

> **课后练习**

1）根据视频 6-11 总结绿植墙施工时需要注意的问题。
2）简述钢结构花架与混凝土基础结合部的施工工艺处理方法。
3）木花架的防腐防裂处理的重要性及施工工艺重点在哪？
4）"地龙"的常见处理施工工艺中需要注意哪些环节？
5）现场调查某公园或广场花架，写出其施工工艺方案及要点。
6）实训报告：要求每个小组完成一份任务总结（见实训项目九）。

视频 6-11
绿植墙施工

任务五　园桥施工

中国园林以自然山水为基本形式，其中水面一般占有相当大的比重，而组织与水有关的景观时，大多与桥的布局有关。古人云："遇水架桥，逢山开路。"因此常用桥来组织水面的景观。园林中设置桥梁可以联系两岸交通，同时在观赏和景观方面也起着重要作用，所以园桥形式非常丰富，建造也极为讲究。

课前自学

一、园桥的形式

1. 平桥

平桥有木桥、石桥、钢筋混凝土桥等。桥面平整，结构简单，平面形状为一字形。桥边常不做栏杆或只做矮护栏。桥体的主要结构部分是石梁、钢筋混凝土直梁或木梁，也常见直接用平整石板、钢筋混凝土板作桥面而不用直梁的。

2. 平曲桥

平曲桥的平面形状不为一字形，而是左右转折的折线形。根据转折数，可有三曲桥、五曲桥、七曲桥、九曲桥等。桥面转折多为90°直角，但也可采用120°钝角，偶尔还可用150°钝角。平曲桥桥面设计为低而平的效果最好。

3. 拱桥

常见的拱桥有石拱桥和砖拱桥，也少有钢筋混凝土拱桥。拱桥是园林中造景用桥的主要形式。其材料易得，价格便宜，施工方便；桥体的立面形象比较突出，造型可有很大变化；并且圆形桥孔在水面的投影也十分好看。因此，拱桥在园林中应用极为广泛。

4. 亭桥

在桥面较高的平桥或拱桥上，修建亭子，就做成亭桥。亭桥是园林水景中常用的一种景物，它既是供游人观赏的景物点，又是可停留其中向外观景的观赏点。

5. 廊桥

廊桥与亭桥相似，也是在平桥或平曲桥上修建的风景建筑，只不过其建筑是采用长廊的形式。廊桥的造景作用和观景作用与亭桥一样。

6. 吊桥

吊桥是以钢索、铁链为主要结构材料（在过去，则有用竹索或麻绳的），将桥面悬吊在水面上的一种园桥形式。这类吊桥吊起桥面的方式又有两种：一种是全用钢索铁链吊起桥面，并作为桥边扶手；另一种是在上部用大直径钢管做成拱形支架，从拱形钢管上等距地垂下钢制缆索，吊起桥面。吊桥主要用在风景区的河面上或山沟上面。

7. 栈桥与栈道

架长桥为道路，是栈桥和栈道的根本特点。严格地讲，这两种园桥并没有本质上的区别，只不过栈桥更多的是独立设置在水面上或地面上，而栈道则更多地依傍于山壁或岸壁。

8. 浮桥

将桥面架在整齐排列的浮筒（或舟船）上，可构成浮桥。浮桥适用于水位常有涨落而又不便人为控制的水体中。

二、园桥的基本构造

园桥由上部结构、下部支撑结构两大部分组成。上部结构包括梁（或拱）、栏杆等，是园桥的主体部分，既要求坚固耐用，又要美观。下部结构包括桥台、桥墩等支撑部分，是园桥的基础部分，要求坚固耐用，耐水流的冲刷。桥台、桥墩要有深入地基的基础，上面应采用耐水流冲刷材料，还应尽量减少对水流的阻力。

三、主要园桥类型施工要点

1. 石板桥

常用石板宽度在 0.7～1.5m 之间，以 1m 左右为多，长度 1～3m 不等，石料不加修琢，仿真自然，也不设或只在单侧设栏杆。若游客流量较大，则并列加拼一块石板，宽度在 1.5～2.5m 之间，甚至更大可至 3～4m。为安全起见，一般加设石栏杆，栏杆不宜过高，在 450～650mm 之间。石板厚度宜 200～220mm。

2. 石拱桥

园林桥多用石料，统称石桥，以石砌筑拱券成桥，故称石拱桥。石拱桥在结构上分为无铰拱与多铰拱。拱桥主要受力构件是拱券，拱券由细料石榫卯拼接构成。拱券石能否在外荷载作用下共同工作，不但取决于榫卯方式还有赖于拱券石的砌置方式。

（1）无铰拱的砌筑方式

1）并列砌筑：将若干个独立拱券栉比并列，逐一砌筑合龙的砌筑法。一圈合龙，即能单独受力，并有助于毗邻拱券的施工。

并列砌筑的优点：一是简练安全，省工料，便于维护，只要搭起宽 0.5～0.6m 的脚手架，便能施工；二是即使拱券一道或几道地损坏倒坍，也不会影响全桥。对桥基的多种沉陷有较大的适应性。

2）横联砌筑：指拱券在横向交错排列的砌筑，拱券横向联系紧密，从而使全桥拱石整体强度大大加强。由于园桥建筑立面处理和用料上的需要，横联拱券又发展增加出镶边和框式两种。

北京颐和园的玉带桥，即为镶边横联砌筑，在拱券两外侧各用高级汉白玉石镶箍成拱券，全桥整体性好。

框式横联拱券吸取了镶边横联拱券的优点，又避免了前者边券单独受力与中间诸拱无联系的缺点，使得拱桥内外券材料选用有差异，外券材料可高级些，而内券材料可降低些，也不影响拱桥相连成整体。两者共同的缺点是施工时需要满堂脚架。

（2）多铰拱的砌筑方式

1）有长铰石：每节拱券石的两端接头用可转动的铰来联系。具体做法是将宽600～700mm，厚300～400mm，每节长大约为1m的内弯的拱石板（即拱券石）上下两端凿成榫头，上端嵌入长铰石的卯眼（300～400mm）中，下端嵌入台石卯眼中。靠近拱脚处的拱板石较长些，顶部则短些。

2）无长铰石：即拱板石两端直接琢制卯接以代替有长铰石的榫头。榫头要紧密吻合，接连面必须严紧合缝，外表看不出有榫头。

多铰拱的砌置，不论有无长铰石，实际上都应该使拱背以上的拱上建筑与拱券一起成为整体工作。

在多铰拱券砌筑完成之后，在拱背肩墙两端各筑有间壁一道，即在桥台上垒砌一条长石作为间壁基石，再于基石之上竖立一排长石板，下端插入基石，上端嵌入长条石底面的卯槽中。间壁和拱顶之间另用长条石一对（300～400mm的长方形或正方形），叠置平放于肩墙之上。长条石两端各露出250～400mm于肩墙之外，端部琢花纹，回填三合土（碎石、泥沙、石灰土）。最后，在其上铺砌桥面石板、栏杆柱、栏板石、抱鼓石等。

（3）毛石（卵石）砌筑　完全用不规则的毛石（花岗岩、黄石）或卵砾石干砌的拱桥，是中国石拱桥中大胆杰出之作，江南尤多。跨径多为6～7m，截面多为变截面的圆弧拱。施工多用满堂脚架或堆土成胎模，桥建成挖去桥孔径内的胎模土即成。

园林工程中无铰拱通常采用拱券石镶边横联砌筑法。即在拱券的两侧最外券各用高级石料（如大理石、汉白玉精琢的花岗岩等）镶嵌砌成一独立拱券，宽度≥400mm，厚度≥300mm，长度≥600mm。内券之拱石采用横联纵列错缝嵌砌，拱石间紧密层重叠砌筑。

课中学习

工作流程

操作步骤

园桥结构的类型很多，有板梁柱式、悬臂梁式、拱券式、桁架式、悬索式。现以钢梁园桥为例分析其施工流程，如图6-27所示。

1. 准备工作

在承接了施工任务后，工程施工前应尽快检查设计图纸和现场是否有出入，及

图6-27　钢梁园桥

时查缺补漏。通过熟悉设计文件、研究施工图纸和现场核对后，尽量创造有利的施工条件，保证施工能如期完成。园桥施工前要制定施工方案（包括编制依据、工期要求、材料和机具数量、施工方法、劳动力安排、进度计划等），检查并试运转施工机具，进行施工现场的清理。清理施工现场时，要注意地下如果有电缆、管道或构筑物靠近开挖桥涵基础，应当报业主和监理单位并及时沟通，确定桥涵位置是否与设计位置相符，同时要注意与园路之间的衔接。

2. 定位放线

根据施工图上园桥的定位现场进行测量，找到桥涵的中线并设置位置桩、水准点桩及必要的护桩。基础的放样、基坑的各定位点的标高及开挖过程中标高检查应按一般水准测量方法进行，应根据土质、开挖深度确定的边坡以及施工方式确定坑底工作面，从而放出开挖线，如视频 6-12 所示。

视频 6-12
园桥施工

3. 基坑开挖

基坑的开挖应根据桥的大小和河床中有无地表水等因素综合考虑。

一般小桥开挖基坑时，可用人力开挖，如果土质不利于稳定可采用有支撑的基坑，如加锚杆或锚桩；大、中桥基础工程，基坑深，平面尺寸大，挖方量也相应增加，可用挖掘机或半机械施工，以降低劳动强度和提高工作效率。当挖掘机挖至坑底时应保留不少于 30cm 的厚度，在基础浇筑圬工前应人工挖至基底标高。

水中基础基坑开挖时常采用围堰法。围堰顶高宜高出施工期间最高水位 70cm 以上，最少不应低于 50cm，围堰外形应适应水流排泄，大小不应压缩流水截面过多，堰身应保持有足够的强度和稳定性，使基坑开挖后围堰不致发生破裂、滑动或倾覆。必要时在坑内基础范围内设置排水沟和集水井，以人工或机械抽水降低地下水。为了减轻基坑坡壁顶面静荷载，沿基坑顶面周围至少在 1m 范围内不得堆置土方、物料。在基坑底部，为了施工方便应留有一定宽度的工作面，其宽度因情况而定。基础挖至设计标高时应及时进行检验，检查基坑开挖标高、尺寸是否满足设计规定要求，符合后方可进行基础施工。

4. 基础施工

采用混凝土基础。混凝土砌体采用挤浆法分层、分段进行砌筑。严禁采用灌浆法施工。分段位置宜设在沉降缝或伸缩缝处。砌块不得无砂浆直接接触，表面砌缝宽度不得大于 2cm，两层间竖向错缝不得小于 10cm。砌体表面砂浆要饱满，砌缝要整齐。沉降缝整齐垂直，上下贯通，沉降缝要用沥青麻筋填塞密实后用沥青灌缝。如需设泄水孔，严格按设计要求位置和泄水孔规格设置，确保泄水孔畅通。

混凝土砌体表面的勾缝采用与砌体砂浆同标号的砂浆进行勾缝。勾缝采用凹缝，缝宽 1.5～2.0cm（同一区段砌体的缝宽必须一致），缝深 0.8～1.0cm。严禁使用低于砌体砂浆强度的砂浆进行勾缝。

砌筑完毕后要及时进行覆盖，并经常洒水保持湿润，常温下养护期不得少于 7 天。特别是夏季，严禁新砌筑砌体在高温下无覆盖暴晒，即使未砌筑完毕，当中午休息时间过长时，也要覆盖洒水养护，以免砂浆瞬间失去水分，影响强度。冬期严禁洒水养护，应采用保温膜、草袋等覆盖养护。

5. 墩、台及梁的施工

园桥混凝土基础的施工有安装墩台模板和混凝土浇筑两道工序。先根据设计要求选择相应的模板类型并安装好模板。在墩台施工前,应将基础顶面冲洗干净,除去表面浮浆,在基础顶面放出墩台中线和墩台内外轮廓线的准确位置。浇筑时应经常检查模板、钢筋及预埋件的位置和保护层尺寸,确保位置正确,不发生变形。浇筑混凝土要连续操作,如中途停止,应按施工缝处理。脱模后表面不平整或有其他缺陷要予以修补,如图6-28所示。

图6-28 桥墩施工

园林中桥台通常采用拱座式、U型、轻型、箱式结构建造。如需搭脚手架,脚手架应环绕墩台搭建,用以堆放石料、砌块和砂浆,并支承工人砌筑、镶面及勾缝。石砌墩台在砌筑前,应按设计实样挂线砌筑。形状比较复杂的墩,应先做出配料设计图,注明砌块尺寸;形状比较简单的墩,也要根据砌体高度、尺寸、错缝等,先行放样配好材料。台石块在使用前要湿润,应清洗干净,混凝土预制块均以砂浆黏结。所有砌缝要求砂浆饱满。若用小块碎石填塞砌缝时,要求碎石周围都有砂浆。砌石顺序为先角石,再镶面,后填腹,填腹石的分层高度应与镶面相等。园桥所使用的材料种类比较多,做法比较灵活,梁施工做法可以根据不同类型灵活处理。较为简单的做法是直接利用工字钢作为梁,在较平坦的岸坡用混凝土支撑梁,在其中预埋螺栓,以便与大梁连接。若在岸坡较陡处应改设木桩桥台,通常园林桥工字钢型号为20～36,通过焊接固定。对焊缝长度、宽度、厚度不足,中心线偏移,弯折等偏差,应严格控制焊接部位的相对位置尺寸,合格后方准焊接,焊接时需要精心操作,如图6-29所示。

图6-29 桥梁施工

6. 桥面系统施工

施工时将工字钢固定在两边岸上的桥墩上,下垫工字钢卧梁。卧梁用螺栓与上钉防腐木板的木梁连接作面板,两旁再用钢管做成栏杆。

钢梁断面尺寸要视载重量和跨度而定。一般游客人行桥的跨度为5m时,工字钢采用36型号,钢梁中距为1500～2000mm;当跨度小于或等于3.5m时,工字钢采用36型号,钢梁中距为1000～1500mm。人行桥面板,一般厚度为50mm。

7. 成品保护及注意问题

(1)成品保护

1)冬期施工防止混凝土受冻,当混凝土达到规范规定拆模强度后方可拆模,否则会影响混凝土质量。

2)拆除模板时按程序进行,禁止用大锤敲击,防止混凝土出现裂缝。

3)施工中不得污染已做完的成品,对已完成工程应进行保护,若施工时污染应及时清理干净。

4）认真贯彻合理的施工顺序，少数工种（电、设备安装等）应优先施工，防止损坏桥面。

（2）注意问题

1）避免桥墩、桥台位置发生偏差，在施工前要进行准确的复核。

2）地基一定要结实坚固。

3）要合理选材。不同树种的木材强度和弹性模量各不相同，因此必须按设计要求选择树种木材。

4）模板安装前，先检查模板的质量，不符合质量标准的不得投入使用。

5）木材要选择抗拉强度好的种类。

6）天然石材品种多样，即使同一种岩石，在材性上也有很大的差异，在具体应用时，可先做试验，慎重选择。

7）按先后顺序进行施工。

8）施工中听从指挥，切实注意安全。

9）选择材料时，应考虑承载跨度，并结合当地水文和技术等条件。

10）桥台桥墩要有深入地基的基础，上面应采用耐水流冲刷材料。

11）拆模程序一般是后支的先拆，先支的后拆；先拆除非承重部分，后拆除承重部分；重大复杂模板的拆除，应预先制定拆模方案。

12）拆模时不要用力过猛过急，拆下来的木料要及时运走、整理。

13）坚持每次使用后清理模板板面，涂刷脱模剂。

课后练习

1）园桥的造型类型有哪些？桥体的结构形式有哪些？

2）园桥施工时有水基坑如何进行围堰排水？

3）桥面施工质量验收时该注意哪些方面？

4）钢结构园桥的梁如何与桥墩固定？

5）园桥施工基础采用哪两种方式，其施工要点是什么？

6）现场调查某园林绿地的园桥，并制定施工工艺方案。

任务六　景墙施工

景墙指园内划分空间、组织景色、安排导游而布置的围墙，能够反映文化，兼有美观、隔断、通透的作用。景墙以其自身优美的造型，变化丰富的组合形式，具有很强的景观性，是园林空间不可缺少的景观要素。在园林中经常巧妙地利用景墙将园林空间划分为许多的小单元，利用景墙的延续性和方向性，引导观赏者沿着景墙的走向有秩序地观赏园内不同空间的景观。在园林环境中，有各种不同使用功能的园林空间，它们往往需要被分开使用。这时就需要利用景墙或隔断将园林空间进行合理、有效地分隔。

园林中的"通而不透、隔而不漏"就是隔断作用的最好说明。后来景墙演化成园林环境中包括室内和室外的功能性和装饰性的小品设施，在园林中起到造景的作用，其丰富的造型和多变的色彩使之成为园林中不可缺少的景观之一。以现代材料工艺做景墙，重新演绎中式传统精神，景墙墙面自然的肌理宛如一幅天然春山居水墨画，突显山水空间意境，如图 6-30 所示。

图 6-30　新中式景墙立面效果

课前自学

一、景墙分类

景墙按其构景形式可以分为：

1. **独立式景墙**

以一面墙独立安放在景区中，成为视觉焦点。

2. **连续式景墙**

以一面墙为基本单位，连续排列组合，使景墙形成一定的序列感。

3. **生态式景墙**

将藤蔓植物进行合理种植，利用植物的抗污染、杀菌、滞尘、降温、隔声等功能，形成既有生态效益，又有景观效果的绿色景墙。

也有的将景墙分为景观墙、划分空间墙、标识墙、文化墙、挡土墙、围墙、设施墙。

二、景墙表面装饰材料

景墙贴面材料是镶贴到表层上的一种装饰材料。景墙贴面材料的种类很多，常用的有饰面砖、花岗岩饰面板、水磨石饰面板和青石板等，园林中还常用一些不同颜色、不同大小的卵石来贴面。

1. 饰面砖

适合于景墙饰面的砖有：

（1）外墙面砖（墙面砖），其一般规格为200mm×100mm×12mm、150mm×75mm×12mm、75mm×75mm×8mm、108mm×108mm×8mm 等，表面分有釉和无釉两种。

（2）陶瓷锦砖（马赛克），是以优质瓷土烧制的片状小瓷砖拼成各种图案贴在墙上的饰面材料。

（3）玻璃锦砖（玻璃马赛克），是以玻璃烧制而成的小块贴于墙上的饰面材料，有金属透明和乳白色、灰色、蓝色、紫色等多种颜色。

2. 花岗岩饰面板

用于景墙的花岗岩饰面板是用花岗岩荒料经锯切、研磨、抛光及切割而成。因加工方法及加工程序的差异，分为下列4种：

1）剁斧板：表面粗糙，具有规则的条状斧纹。
2）机刨板：表面平整，具有相互平行的刨纹。
3）粗磨板：表面光滑、无光。
4）磨光板：表面光亮、色泽鲜明、晶体裸露。不论采用上述哪一种面板，装饰效果都好。

3. 青石板

青石板系水层岩，材质软，较易风化，其材性纹理构造易于劈裂成面积不大的薄片。使用规格一般为长宽300～500mm不等的矩形块，边缘不要求很直。青石板有暗红、灰、绿、蓝、紫等不同颜色，加上其劈裂后的自然形状，可掺杂使用，形成色彩富有变化而又具有一定自然风格的装饰效果。

4. 水磨石饰面板

水磨石饰面板用水泥（或其他胶结材料）、石屑、石粉、颜料加水，经过搅拌、成型、养护、研磨等工序制成，色泽品种较多，表面光滑，美观耐用。

三、识读景墙图纸

从图6-31中可以看出，施工总图是景观的平面布置，每个部分索引都有标号，然后到相应的施工详图里找到对应的标号，看结构大样，包括景墙局部平面、剖面、断面、立面等。其中局部平面主要看平面尺寸、材料和平面关系。

根据图6-32主要了解景墙厚度或高度尺寸、材料之间的关系；剖断面图主要明确景墙结构的尺寸和材料、基础的类型，以便知晓需要什么样的施工工艺。其中新中式庭院的景墙主要装饰材料为青砖、筒瓦。

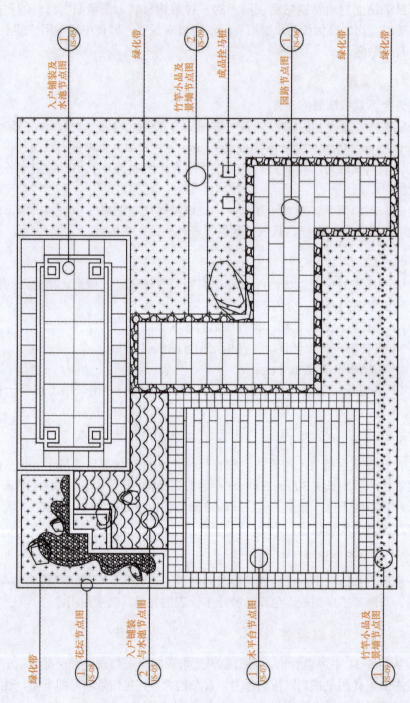

图6-31 总平及索引图 1:30

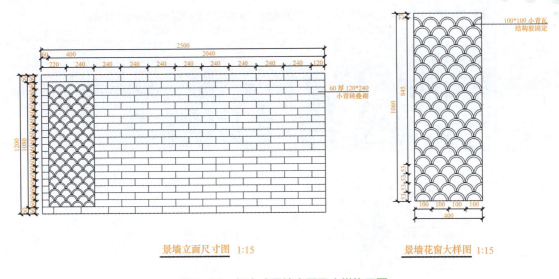

图 6-32 新中式景墙立面及大样施工图

课中学习

工作流程

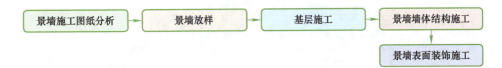

操作步骤

1. 景墙施工图纸分析

弧形景墙位于中心池塘南侧，与建筑出入口形成对景。根据图 6-33 所示，景墙施工图中的立面图主要反映景墙表面装饰材料。施工剖面图中反映景墙三层基础，包括 100mm 厚的碎石垫层，然后是素混凝土层约 100mm 厚和按构造钢筋配 Φ8～12mm 圆钢筋，间距 20～30cm 的钢筋混凝土层。施工基层主要用于场地的找平和稳固，主要在素土夯实的基础上，铺设垫层。弧形景墙主体采用砖砌结构，外用花岗岩雕刻板装饰，前面蟾蜍雕塑水景喷水的基座采用砖砌结构。由于位于水中，基层采用钢筋混凝土结构。根据图纸要求，花岗岩雕刻板和蟾蜍雕塑需要施工前加工好再在施工现场进行安装，外涂仿古铜漆。蟾蜍雕塑采用喷水，需要预留管线。

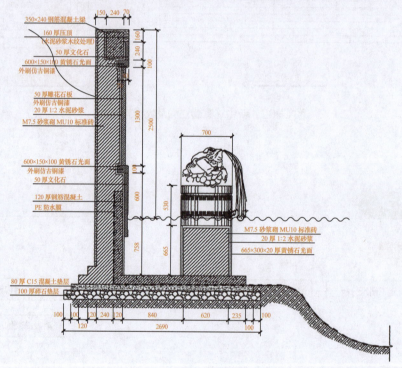

图 6-33 景墙立面及剖面示意图

2. 景墙放样

按照设计平面图,用石灰、绳子和卷尺放样。根据设计平面图,施工对象主要是规则的形状,为了施工方便,一般以景墙外 50cm 左右开挖。在施工前将景墙设计的控制点一一标到地面上并打桩,桩木上要注明桩号和施工标高。标高点根据现场引测的±0.000 测定标高。

3. 基层施工

当基土为排水不良的黏土,或地下水位过高时,在池底基础下应放置碎石,并埋 10cm 直径的排水管,管线的倾斜度为 1°~2°,将地下水导出。景墙基础碎石垫层最大粒径视厚度而定,一般不宜超过厚度的 0.7 倍,50mm 以上的大粒料约占 70%~80%,0.5~20mm 粒料约占 5%~15%,其余为中等粒料。一般用 M7.5 水泥混合砂浆。为保证基层稳定性，须绑扎底层钢筋及浇筑混凝土，如图6-34、图6-35所示。砂浆摊铺宽度应大于结合面5～10cm，已拌好的砂浆应当日用完。

图6-34 基层绑扎钢筋施工

图6-35 基层钢筋混凝土施工

素混凝土垫层施工时，把黏结在混凝土基层上的浮浆、松动混凝土、砂浆等用錾子剔掉，用钢丝刷刷掉水泥浆皮，然后用扫帚扫净。混凝土搅拌时根据配合比（其强度等级不宜低于C10），核对后台原材料，混凝土垫层厚度为100mm。铺设混凝土前先在基层上洒水湿润，刷一层素水泥浆（水灰比为0.4～0.5），然后从一端开始铺设。混凝土振捣时用铁锹铺混凝土，厚度略高于找平堆，随即用平板振捣器振捣。混凝土振捣密实后，以水平标高线及找平堆为准检查平整度，高的铲掉，凹处补平。用水平木刮杠刮平，表面再用木抹子搓平。最后进行养护，将已浇筑完的混凝土垫层在12小时左右覆盖和浇水，一般养护不得少于7天。钢筋混凝土稳定层采用单层双向铺设，混凝土施工方法同素混凝土施工工艺，钢筋绑扎如视频6-13所示。

视频6-13 钢筋绑扎

4. 景墙墙体结构施工

景墙墙体采用砖砌体结构，由于景墙有一定弧度，第一层砖砌时需要严格控制好砖块放样位置。方法是通过找准弧形圆心，放好标桩，引线放样时根据弧度半径和弧长确定好位置并做好标记。标桩施工时注意避免移位。砌体的排砖应上下错缝，内外搭砌，以达到拉结及整体性好的目的。实心砖体常用的一顺一丁或三顺一丁的砌筑形式，一般能满足以上要求。砖砌体的竖向灰缝宜采用挤浆或加浆方法，使其砂浆饱满，严禁用水冲刷灌缝。实心砖砌体水平灰缝砂浆饱满度不得低于80%。砌体施工时应搭建脚手架。砖砌体施工过程中随时检查墙体结构的水平度和垂直度。墙体抹灰前应清除表面杂物，如残留灰浆、舌头灰、尘土等。一般在抹灰前一天，用软管或胶皮管或喷壶顺墙自上而下浇水湿润，每天宜浇两次。抹灰厚度不应小于10mm。当墙面凹度较大时应分层衬平。

5. 景墙表面装饰施工

（1）景墙花岗岩雕刻板施工 根据图6-36，先将墙体清理干净，以水润湿、刷水泥砂浆，花岗岩背面也用清水洗净。基体根据U形钉斜度、量好尺寸、钻斜孔。石板钻孔、剔槽的方法为用手电钻钻孔，用合金錾在板面方向剔槽，孔槽位置、尺寸要正确。板位安装就位，U形钉用硬木楔揳紧，校准平整度和垂直度，最后紧固U形钉于墙体。灌浆时层板灌细石混凝土，下料要轻而均匀，轻捣至无气泡，不得硬动石板，最后擦缝、清理表面，如图6-37所示。养护7天后喷仿古铜漆。首先将花岗岩表面扫净，刷上褐色底漆。根据不同需要逐块和逐步在底漆面上刷上作旧水，可根据需要在漆面上或浓或淡以及根本不刷来制作出效果理想的古铜色，最后以清漆照面保护所制作的漆面，如图6-38所示。

（2）蟾蜍雕塑小品施工　蟾蜍雕塑小品基座采用砖砌体结构，根据设计尺寸在基础垫层上进行砌筑。砌筑前放线调整水平度，同时需要保护好预留管线，管口密封防止渣土进入。每层砌筑时砖块交叉叠放，以便稳定，如图6-39所示。基座外贴花岗岩，要求表面洁净、平整、颜色一致、无变色、起碱、污痕和空鼓。接缝平直、填嵌密实、宽窄一致、阴阳角处板的压向正确。

图6-36　景墙表面花岗岩雕刻板施工

图6-37　花岗岩雕刻板完成安装

图6-38　涂仿古铜漆效果

图6-39　蟾蜍基座结构施工

蟾蜍雕塑小品吊运过程中采用滑轮铁铰链，如图6-40所示。使用这种工具时，也要先搭设起重钢管杆架，使杆架构成一个三脚架。然后在杆架上端拴铁铰链，从前后两个方向拉住并固定杆架，铁铰链端可临时拴在地面的基座上。将滑轮铁铰链挂在杆顶，就可用来起吊基座。起吊基座的时候，可以通过拉紧或松动大绳和移动三脚架的柱脚，来移动和调整基座的平面位置，使基座准确地吊装到手推车上。安装时事先在基座表面抹少许水泥砂浆，采用起吊工具轻拿轻放至准确位置，如图6-41所示。涂上仿古铜漆，施工方法同景墙花岗岩雕刻板。

图6-40　雕塑基座起运

图6-41　雕塑基座安装

新中式景墙施工还有很多类型，还可以通过视频6-14进行学习。

视频6-14
新中式景墙施工

课后练习

1）试述勾缝装饰的主要类型。
2）简述施工料具存放安全要求。
3）实训报告：要求每个小组完成一份任务总结（见实训项目十）。

项目七　绿化种植施工

职业能力清单

知识要求
- 熟悉乔木选择要求、种植地点要求；
- 了解大树移植特点和过程；
- 了解灌木植物的选择要求，熟悉其用途、功能；
- 熟悉不同用途灌木的施工特点、栽植程序；
- 了解草坪建植工程的施工流程。

技能要求
- 能正确选择乔木，完成其树冠、树干和根系的处理后进行定植并按要求在适宜场地栽植；
- 能对大树（常绿、落叶）进行移植；
- 会选择灌木并完成苗木处理、运输和假植；
- 能根据设计要求和灌木生长特点，进行灌木的种植；
- 会进行草坪的铺设施工。

素质要求
- 养成整理工具的好习惯；
- 养成团队协作完成植物种植施工的意识；
- 注重在施工过程中对安全意识的养成；
- 养成施工完成清理现场的习惯。

项目学习引言

党的二十大指出必须牢固树立和践行"绿水青山就是金山银山"的理念，站在人与自然和谐共生的高度谋划发展。只有加强生态环境的保护和建设，才能实现这一目标。本项目重点介绍了乔木、灌木及地被草坪的种植施工过程，根据工程案例，将涵盖的园林植物施工过程进行分析。施工前要选择好适宜的种植期，并清理好前期土方工程等硬质景观施工现场保障苗木的种植施工，同时检查好土壤是否符合植物栽植要求。绿化施工单位在工程开工前需要从工程主管单位和设计单位了解到工程范围和工程量，包括每个工程项目的范围和要求。根据工程的施工期限和工程投资及设计预算、设计意图，及时检查施工现场地上、地下情况，并在施工过程中及时调整，同时也要为绿化工程的材料来源及机械和运输条件做好充分准备工作等。

任务一　乔木种植施工

乔木枝干苍劲、荫浓冠茂，无论孤植或丛栽，都可形成美丽的景观。其作用主要在于形成绿荫以降低气温，遮蔽烈日，创造舒适、凉爽的环境，并提供良好的休息和娱乐环境。乔木树种种类较多，在绿化中树种高度富有变化且有良好的天际线，起到空间层次骨架作用，可选用造景的树种和观花观果类乔木进行点缀。具体配植方式可根据绿化面积大小、建筑物的高度、色彩等而定。

课前自学

一、挖苗

1）苗木挖掘由苗圃负责实施，施工单位可根据树种特性（栽移成活率低的，一般根系长而稀少）、苗木规格、土壤类型、移植季节及施工的特殊性（大树移植需要断根处理的）等因素，向苗圃提出挖掘苗木的根盘大小和土球规格、质量等方面的要求。一般落叶乔木根径为苗木胸径的10倍。落叶灌木根径为苗木胸径的8～10倍，土球高度为土球直径的2/3，土球留底规格为土球直径的1/3。

2）挖苗如遇到土壤干燥时，应要求苗圃（场）在挖苗前2天灌一次水，增加土壤黏着力。土壤过湿时应提前挖沟排水，以利挖苗和减少根系的损伤。

3）为便于苗木的挖掘和运输，宜在苗圃（场）内对部分大规格乔木（意杨、法桐、樟树等）按设计要求进行适当疏枝或短截主干，对蓬散的常绿树树冠进行适当的包扎。

4）挖掘裸根苗时，应从根盘的外侧环状开沟，铲去表土，然后沿沟壁直挖至规定的深度，待主要侧根全部切断后从一侧向内深挖，但是主根未切断前不得用猛力拉摇树干，以免损伤根系。切断主根后用锹掏空土球泥土，注意勿损伤须根，随根土要保留。

5）挖裸根苗时，如遇到较粗大根系，宜用手锯锯断，保持切口平整，切断主根宜用利铲，防止造成主根劈裂。

6）带土球苗木的挖掘。

① 挖掘常绿树、名贵树和观赏花木时均要带土球。

② 掘苗前先剪处于主干基部的无用枝，并采用护干、护冠措施，再刨去表层土壤，以不伤表层根为度。在保证土球规格的原则下将土球表面修整光滑，呈上大下小倒卵圆形。

③ 包装材料要结实，草质包装物必须事先用水浸湿，土球包扎要紧密，土球底部要封严而不能漏土。

④ 挖苗和土球包装时，应注意防止苗木摇摆和机械损伤，确保土球完整。

⑤ 土球包装方法一般按以下规定实施：

a）土球直径在50cm以下时，采用桔瓣式包装（单股单轴）。

b）土球直径在55～80cm时加腰箍，采用桔瓣式包装（单股单轴）。

c）土球直径在85～100cm时，采用铜钱式包装（单股单轴）。

二、苗木假植

已挖掘的苗木因故不能及时栽植下去，应将苗木进行临时假植，以保持根部不脱水，但假植时间不应过长。

1）假植场地应选择靠近种植地点、排水良好、湿度适宜、避风、向阳、无霜害、近水源、搬运方便的地方。

2）裸根苗木假植采取掘沟埋根法。挖掘宽1.0～1.5m、深0.4m的假植沟，将苗根朝北排放整齐，一层苗木一层土将根部埋严实，短时间假植（1～2天）可用草席覆盖。遮阴、洒水保温。

3）带土球假植可将苗木直立，集中放在一起。若假植时间较长，应在四周培土至土球高度的1/3左右并夯实，苗木周围用绳子系牢或立支柱。

4）假植期间要加强养护管理，防止人为破坏。应适量浇水保持土壤湿润，但水量不宜过大，以免土球松软，晴天还应对常绿树冠枝叶喷水，注意防治病虫害。

5）苗木休眠期移植，若遇气温低、湿度大、无风的天气，或苗木土球较大，在1～2天内进行栽植时可不必假植，应用草帘覆盖。

三、苗木运输

1）树木挖好后应在最短的时间内运到现场，坚持做到随挖、随运、随种的原则，装苗前要核对树种、规格、质量和数量，凡不符合要求的应予以更换。

2）装卸、托运苗木时应重点保护好苗根，使根处在湿润条件下。长途运输裸根苗时采用根部垫湿草、沾泥浆等措施，再行包装，在苗木全部装车后还要用绳索绑扎固定，避免摇晃，并用草席等覆盖遮光、挡风，避免风干或霉烂，尽量减少苗木的机械损伤。

3）装运高大苗木要水平或倾斜放置，苗根应朝向车前方，带土球的苗木其土球小于30cm时可摆放二层，土球较大时应将土球垫稳，一棵一棵排列紧实。装运灌木苗和高度在1.5m以下带土球苗可以直立装车，但土球上不得站人或放置重物。

4）苗木装运时，凡是与运输工具、绑缚物相接触的部位均要用草衬垫，避免损伤苗木。

5）苗木装卸时要做到轻拿轻放，并按顺序搬移，不得随意抽拽，裸根苗木也不要整车推卸。

6）带土球苗木在装卸时不要提拉枝干，土球较小时，应抱住土球装卸，若土球过大时，要用麻绳、夹板做好牵引，在板桥上轻轻滑移或采用吊车装卸，勿使土球摔碎。

7）苗木装卸时，技术负责人要到现场指挥，防止机械吊装碰断杆线等事故发生，同时还要注意人身安全。

四、非适宜季节树木移植

适宜季节植树成活率高，但是由于特殊任务或其他工程影响等客观原因，必须在非适宜季节进行植树，为保证有较高的成活率，按期完成植树工程任务，须采取树木生长期移植技术。

1. 常绿树的移植

（1）有足够的时间准备的工程　在适宜树木移植季节内（春季）将树苗带土球掘好，提前运到假植场地，装入大于土球的筐、木桶或木箱内，按一定的株行距摆好培土固定，待有条件施工立即定植。

（2）无时间准备的工程　可直接挖苗运载，但须采取有效措施减少水分蒸腾。若树木正萌发二次梢或处于旺盛生长期，则不宜移植。

1）直接移植时应加快速度，事先做好一切准备工作，做到随掘、随运、随栽，环环扣紧，以缩短施工工期。

2）移栽后采取特殊的养管措施：

① 苗木树干缠草绳，立支柱或保护器防止人为破坏。

② 及时、多次灌水和进行枝叶喷雾，夏季适宜灌水时间为上午九时前和下午五时后，冬季则在中午灌水。

③ 炎热夏季树穴还可铺置草袋，白天铺置晚上揭开透气。

④ 有条件的最好采用遮阴防晒棚。

⑤ 入冬还应有防寒措施。

2. 落叶树的移植

（1）掘苗　于早春树木休眠期预先将苗木带土球掘好，土球规格可参照同等干径的常绿树。

（2）做假土球　秋季树木落叶后将裸根苗木掘起，用人工另造土球（假土球）包裹。方法是地上挖一圆形底坑，将事先准备好的蒲包平铺于坑内，然后将树根放置蒲包上，保持树根舒展，填入细土，分层夯实直至与地面平齐，即可成圆形土球。用草绳在树干基部封口后，将假土球挖出，捆草绳打包。

（3）装筐　筐可用紫荆条或竹丝编成，筐的大小较土球直径和高度都要大20～30cm。装筐前先在筐底垫土，然后将土球放于筐正中，填土夯实直至距筐沿还有10cm高时为止，并沿筐边培土夯实作为灌水堰，大规格苗木最好装木桶或木箱。

（4）假植

1）假植场地应选择在高而干燥、排水良好、水源充足、交通便利，距施工现场较近的地方。

2）分区假植：按树种、品种、规格划分假植区，株间距以当年新生枝互不接触为最低限度。

3）先挖好假植坑，深度为筐高的1/3，直径以能放入筐为准，放好筐后填土至筐的1/2处拍实，并沿筐沿做好灌水堰。

（5）假植期间的养护管理

1）灌水：培土后连灌三次水，以后视干旱情况灌水，但应避免生长过旺。

2）修剪：装筐时进行重于正常栽植期的修剪。在假植期间还应经常修剪，以疏枝为主，严格控制徒长枝，及时去蘖，入秋后经常摘心，以充实下部枝条。

3）排水防涝：雨季事先挖好排水沟，及时排出积水。

4）病虫防治：及时防治病虫危害，以利于假植苗正常生长。

5）施肥：假植期间可以施用少量速效氮肥。如0.1%尿素叶面施肥或根施。

（6）装运栽植　施工现场具备了植树施工条件，则应及时定植，环环扣紧，以利成活，方法与正常植树相同。

1）栽植前将培土扒开，停止灌水，风干土球表面，使之坚固，以利吊装。

2）若发现筐已腐烂，可用草绳加固。

3）吊装时捆吊粗绳的地方加垫木板，以防粗绳勒入土球过深造成散坨。

4）栽植时连筐入坑底，但凡能取出的包装物尽量取出并及时填土夯实。

5）加强养护管理，及时灌水、遮阴，以利迅速恢复生长，及早发挥绿化效果。

五、大树移植

凡胸径超过 10cm（含 10cm）的树木移植，均称为大树移植。

1. 大树移植前的准备工作

（1）树木的选择　按照绿化工程设计规定的树种、规格及特定的要求（树形、姿态、花色、品种等），施工人员到树木栽植地进行选树。

1）选择生长健壮、无病虫害、树冠丰满、观赏价值高、易抽发新生枝条的壮龄树木。

2）掌握树木生长的环境、土壤结构及干湿情况，确定选苗和采取的有效措施。

3）具有便于机械吊装及运输的条件，或经过修路后能通行吊车及运输车辆。

4）了解树木的权属关系，办好购树的有关手续。

（2）建卡编号　对已选中的大树做出明显的标记并建卡、编号，写明树种、高度、干径、分枝点的高度、树形、主要观赏面、地点、土质、交通、存在的问题及解决的办法，然后统一编号，以便栽植时对号入座。

（3）大树移植手续办理　需要市政等有关单位配合，移植前应与市政、供电、交管、环卫等部门办理运苗手续，核发交通通行证，确保施工进度。

（4）机具准备　挖掘前应准备好所需要的全部工具、材料、吊车及运输车辆，并指定专人负责。

（5）大树切根移植　在适宜季节移植大树，可直接挖苗移栽；在非适宜植树季节移植大树或移植名贵树种及不适于修剪的树种，移栽前均应采用切根技术。方法是一般在移植前 2～3 年的春、秋进行，以树干为中心，以胸径的 3～4 倍为半径，沿根茎部划一圆形，将其分成四等份。挖沟分两年进行，第一年先挖相对的两条沟，第二年再挖另相对的两条沟。沟宽 40～50cm、深 50～80cm，挖掘时如遇粗根应用利斧将其砍断，或行环状剥皮，宽约 10cm，涂抹 0.001% 生长素（2,4-D 或萘乙酸），埋入肥土，灌水促发新根。第三年沟中长满了须根，以后挖掘大树时应从沟的外围开挖，尽量保护须根。

2. 大树的挖掘

（1）大树裸根移植

1）落叶大乔木、灌木在休眠期均可裸根移植。近年来，在适宜植树季节，对大规格大树拦头后采用裸根移植，成活率较高。

2）大树裸根移植时，其根盘大小为胸径的 8～10 倍。

3）掘苗前应对树冠进行重剪，尤其是易萌芽的树种（悬铃木、槐树等）可在规定的留干高度进行"拦头"修剪，注意避免枝干劈裂。

4）挖掘裸根大树的操作程序与挖土球苗一样，在土球挖好后用锹铲去表土，再用两齿耙轻轻去掉粗根附近的土壤，尽量少伤须根。

（2）大树带土球移植

1）大树带土球移植，其土球直径为胸径的 8～10 倍，土球高度为土球直径的 2/3。若地下水位较高时，大树根系垂直方向分布较少，则土球高度可以酌减。

2）挖掘前应对常绿阔叶树进行适度修剪，针叶树因无隐芽可萌发，只能适当疏枝以减少蒸腾。然后用草绳将树冠捆扎收紧，保护树冠的完整。

3）掘苗前用竹竿将苗木支撑牢固，以便掘苗时确保大树和操作人员的安全。

4）土球挖掘方法：以树干为中心，按土球规格画线作圆，先按圆周线垂直挖掘直径 60～80cm 的环状沟槽，并注意根系分布情况。当遇到 4～5cm 粗根时，应用手锯或利斧将其砍断，伤口面要光滑。当底根露出时，再向土球底部掏挖，然后用韧性较好的麻绳绑扎腰箍，并继续将土球包扎好。若发现土球土壤部分脱落时，应用草绳、草包等物填充，再行包装。

3. 大树带土球的包扎

土球包扎应用 1.5cm 粗的草绳或麻绳、箱板等包装，包装形式按下列情况确定：

1）土质黏结度大，湿度不大，土球直径在 80cm 以内，用草绳以井字形或五角星式包扎。

2）土质黏结度不大，湿度较大，土球直径为 80～120cm 的，采用五角星式与桔瓣式两种混合式包扎。

3）土球直径超过 120cm 应用麻绳扎腰箍，采用五角星式包扎。

4）土质松软，土球直径超过 120cm，应采用木箱板包装。

4. 大树吊装和运输

1）大树移植前要用吊车装卸，用载重车运输。

2）装车前用事先打好结的大绳双股分开，捆死土球下部，然后将粗绳两端扣在吊钩上，轻轻起吊一下。当树身倾斜后，用大绳在树干茎部栓一绳套也扣在吊钩上，即可起吊装车。

3）起吊装车时，凡粗绳与土球接触的地方垫木板，装车时土球朝前，树梢向后，用三角枕木将土球与车箱底板空隙处塞紧，并用粗绳将树干与车身固定在一起，树冠用绳收紧，以防拖地擦伤。

4）运输途中需专人负责押运，押运人应检查捆绳是否牢固，树梢是否拖地，有无超高、超宽、超长的现象，必须随车带挑杆，以备途中使用。

5）卸车与装车方法基本相同。在吊树入坑时，树干要用麻包、草袋包好，以防擦伤树皮。为防止土球入穴后树干不能立起，应在树干高 2/3 处系一根 1.0～1.5cm 粗麻绳，将麻绳另一端与吊钩相结。若土球落穴时不能直立，可用吊钩一端的麻绳轻轻向树身歪斜的反方向拉动，直至树身笔直。

6）土球落位时，应注意将树冠姿态优美的一面放在主要观赏面。

5. 大树栽植

1）按设计图纸准确定好位置，测定标高，编穴号，以便栽植时对号入座，准确无误。

2）挖穴（坑）：按点挖坑，裸根苗坑穴的规格应较树根根盘直径大 20cm；带土球苗树坑的规格以土球直径加大 40cm，深度放大 20cm，坑底挖松、整平。如需要换土、施肥，应一并准备好，并将有机肥与回填土拌和均匀，栽植时放入坑内。

3）裸根大树栽植前应检查树根，发现损坏应剪除，树冠剪口处应涂抹防腐剂。

4）裸根大树栽植深度一般较原土痕深 5cm 左右，分层埋土踏实，填满为止，并立支柱支撑牢固，以防大风吹歪。

5）大树入坑前，坑边和吊臂下不准站人。入坑后校正位置，可用四个人站在坑沿的四边用脚蹬土球（木箱）的上沿以保证树木定位于树坑中心。

6）待土球大树入坑放稳后，将麻绳从底部缓缓抽出，并立支柱将树身支稳，拆除包装物，填土。每填土20～30cm时，要踏实一次，直至填平为止。操作时注意保护土球。

7）围堰。在树坑外缘用土培一道30cm高的土堰并用锹拍实。

8）灌水。栽植后连灌三次水，四周均匀浇灌，防止填土不匀，造成树身倾斜，第三次灌水后进行培土封堰，以后酌情再灌。

课中自学

工作流程

施工前准备工作 → 定点放线 → 挖穴 → 乔木修剪 → 乔木栽植

操作步骤

1. 施工前准备工作

（1）熟悉图纸　施工技术人员进场前必须阅读绿化施工图纸，对发现的问题应作出标记，做好记录，以便在图纸会审时提出。在踏勘现场过程中，工程负责人组织施工技术人员了解以下情况：

1）施工现场的土质情况。针对绿化场地周围土壤情况确定是否换土，并估计客土量及客土来源。了解土壤厚度是否符合规格较大苗木种植要求。

2）场地内外是否便于机械车辆通行，如果交通不便，要考虑苗木运输路线，一般苗木以人力车和人工为主进行运输。

3）施工前要考虑地下管线位置，防止苗木种植坑开挖时遭受破坏。

4）图纸中的苗木种类、规格和数量，是否就近选择乡土树种或已驯化成功的外来树种。

（2）充分理解图纸内容　图纸说明是否完整、完全、清楚，图中的尺寸、标高是否准确，图中植物表所列数量与图中种植物符号数量是否一致，图纸之间是否有矛盾，及时与设计师和业主进行沟通。充分考虑施工技术有无困难，能否确保施工质量和安全，植物材料在数量、质量方面能否满足设计要求。地上与地下、建筑施工与种植施工之间是否有矛盾，各种管道、架空电线对植物是否有影响。

（3）植物准备　乔木树种要求选择生长健壮、树势恢复能力强、树造型变化丰富、树条分布均匀、枝干生长发育良好、树皮无破损的苗木。落叶苗木应有一定的分枝高度，常绿苗木应该树冠丰满匀称、枝叶色泽正常、顶芽充实饱满，无徒长枝、病虫枝、枯死枝、下垂枝，根系发育良好，裸根苗木主侧根应达到足够的数量，无病虫害和机械损伤，一般常绿树不能损坏中央主枝。

同时施工时对乔木进行编号，使施工有计划地顺利进行。方法是把栽植坑及要移栽的大树均编上一一对应的号码，使其移植时可对号入座，以减少现场混乱及事故。定向是在树干上标出南北方向，使其在移植时仍能保持原方位栽下，以满足其对荫蔽及阳光的要求。

2. 定点放线

（1）尺徒手定点放线　绿地中大部分乔木采用这种方式。放线时应选取图纸上已标明的固定物体（建筑或园林硬质小品）作参照物，并在图纸和实地上量出它们与将要栽植植物之间的距离，然后用白灰或标桩在场地上加以标明，依此方法逐步确定植物栽植的具体位置，此法误差较大，只能在要求不高、绿地面积较小的场所施工。

（2）网放线法　适用范围大而地势平坦的绿地。先在图纸上以一定比例画出放线格网，把放线格网按比例测设到施工现场（多用经纬仪），再在每个方格内按照图纸上的相应位置进行绳尺法定点。

（3）标杆放线法　标杆放线法是利用三点成一直线的原理进行，多在测定地形较规则的栽植点时应用。

不论何种放线法都应力求准确，其与图纸比例的误差不得大于以下规定：

① 1:200 者不得大于 0.2m。
② 1:500 者不得大于 0.5m。
③ 1:1000 者不得大于 1m。

对于成片整齐式种植或行道树的放线法，也可用仪器和皮尺定点放线。定点的方法是先将绿地的边界、园路广场和建筑物等的平面位置作为依据，量出每株树木的位置，钉上木桩，桩上写明树种名称。

3. 挖穴

严格按定点放线标定的位置、规格挖掘树穴。在栽苗木之前挖掘树穴时，以定点标记为圆心，按规定的尺寸先划一圆圈，然后沿边线垂直向下挖掘，穴底要平，切忌挖成锅底形。树穴的规格应按移栽树木的规格、栽植方法、栽植地段的土壤条件来确定。裸根栽植的树苗，树穴直径应比裸根根幅放大 1/2，树穴的深度为穴坑直径的 3/4。带土球栽植的树苗，树穴直径应比土球直径大 40～50cm，树穴的深度为穴坑直径的 3/4。土壤黏重板结地段，树穴尺寸按规定再增加 20%。带土球的应比土球大 10～20cm，栽裸根苗的坑应保证根系充分舒展，坑的深度一般比土球高度稍深些（10～20cm），坑的形状一般为圆形，但必须保证上下口大小一致。树穴达到规定深度后，还需再向下翻松约 20cm 深，为根系生长创造条件。种植穴挖好后，可在坑内填些表土，如果坑内土质差或瓦砾多，则要求清除瓦砾垃圾，最好是换新土。施工地段如挖方或遇土壤特别黏重坚硬时，穴与穴之间应挖沟互相连通，在填（虚）方土上挖掘树穴时应考虑到土壤下沉深度。挖掘树穴时，应将表土放置一侧以栽植时备用，而挖掘出来的建筑垃圾、废土杂物放置另一侧，集中运出施工现场，并回填适量的种植土。挖掘树穴时遇到各种地下管道、构筑物时，应立即停止操作，报主管部门妥善解决。

4. 乔木修剪

栽植前应进行乔木苗木根系修剪，宜将劈裂根、病虫根、过长根剪掉并对树冠进行修剪，保持地上、地下平衡。

（1）落叶乔木的修剪

1）对树形高大，具有明显中央主干、主轴明显的树种（如马褂木、梧桐、银杏等）应以疏枝为主，保护主轴的顶芽，使中央主干直立生长。对保留的主侧枝应在健壮芽上短截，

视频 7-1 落叶乔木修剪

可剪去枝条 1/5～1/3。对干径为 5～10cm 的苗木，可选留主干上的几个侧枝，保持原有树形进行短截，如视频 7-1 所示。

2）对主轴不明显的落叶树种（槭树类），应通过修剪控制与主枝竞争的侧枝，使领导枝直立生长，对干径 10cm 以上树木，可疏枝保持原树形。

3）对易萌发枝条的树种（龙爪槐、鸡爪槭等），栽植时注意不要造成下部枝干劈断，定干的高度根据环境条件来定，一般为 1～2m。

（2）常绿乔木的修剪　中、小规格的常绿树移栽前一般不剪或轻剪。栽植前只剪除病虫枝、枯死枝、生长衰弱枝、下垂枝等。常绿针叶类树只能疏枝、疏侧芽，不得短截和疏顶芽。高大乔木应于移栽前修剪，乔木疏枝应与树干齐平、不留桩。具有明显主干的高大常绿乔木应保持原有树形，适当疏枝，枝条茂密、具圆头形树冠的常绿乔木可适量疏枝。枝叶集生于树干顶部的苗木可不修剪。

5. 乔木栽植

乔木栽植时要保持树体端正、上下垂直，不得倾斜，并尽可能照顾到原生长地时所处的阴阳面。置放苗木要做到轻拿轻放，裸根苗直接放入树穴，带土球苗暂时放树穴一边，但不得影响交通。

（1）栽植方式

1）规则式栽植。树干定位必须横平竖直，树干应在一条直线上。相邻近苗木规格（干径、高度、冠幅、分枝点等）应要求一致，或相邻树高度不超过 50cm，胸径不超过 1cm。栽植时最好先选定植标杆树，然后以标杆树为瞄准的依据，三点连成一线，全面开展定植工作。

2）丛植苗木定植。树木高矮、干径及体量大小要搭配合理，合乎自然要求。从四面观赏的树丛，要将高的苗木定植于中间或根据需要偏于一隅，矮的苗木定植于四周。从三面观赏的树丛，高的苗木定植在后，矮的苗木定植在前。

3）孤植树定植。应将最好的观赏面迎着主要视线方向。孤植的大树若树干有弯，其干凹的一面应尽量朝西北方向。

（2）栽植方法

1）栽植深浅程度。一般栽植裸根苗，对于根茎部位易生不定根的树种，或遇栽植地为排水良好的沙壤土，均可适当栽深些，其根茎处（原土痕）低于地面 5～10cm。带土球苗木、灌木或栽植地为排水不良的黏性土壤均不得深栽，根茎部略低于地面 2～3cm 或平于地面。常绿针叶树和肉质根类植物，土球入土深度不应超过土球厚度的 3/5。在黏性重、排水不良地域栽植时，其土球顶部至少应在表层土外，栽后对裸露的土球应填土成土包。

2）带土球苗栽植方法。带土球苗木吊放树穴时，应选择树冠最佳面为主要观赏方向，必须一次性妥善放置到树穴内，将苗扶正。如需要转动时，须使土球略倾斜后，慢慢旋转，切勿强拉硬扯造成土球破损。土球放置树穴后，要全部剪开土球包装物，尽量取出，使土球泥面与回填土密切结合。带土球苗栽植前，应先将表土（营养土）填入靠近土球部分，当填土 20～30cm 时应踏实一次，大型土块要敲碎，将细土分层填入，逐层脚踏或用锹把土夯实，注意不要损伤根或土球。栽植后应将捆绕树冠的草绳解开，使枝条舒展。

3）裸根苗栽植方法。裸根苗木入坑前，先将表土（营养土）填入坑穴至一个小土包，以便裸根苗木放入树穴后根系自然伸展。裸根苗木栽植前必须将包装物全部清除出坑外，避免日后气温升高，包装材料腐烂发热，影响根系正常生长。栽植裸根苗木时，在回填土回填至一半时，须将树苗向上稍微提一下，以便使根茎处与地面相平或略低于地面，用脚踏实土壤，围堰。树苗栽好后，应在树穴周围用土筑成高15～20cm的土围子，其内径要大于树穴直径，围堰要筑实，围底要平，用于浇水时挡水用。

（3）浇水

1）移栽苗木定植后必须浇足三次水，第一次要及时浇透定根水，渗入土层约30cm深，使泥土充分吸收水分与根系紧密结合，以利于根系的恢复和生长；第二次浇水应在定根后2～3天进行；再相隔约10天浇第三次水，并灌足灌透，以后可根据实际情况酌情浇水。

2）新移植的常绿树除了对根部浇水外，还要向树冠和叶片喷水，以减少树体蒸腾。

3）灌溉水以自来水、井水、无污染的湖水、塘水为宜。为节约用水，化验后不含有毒物质的工业废水、生活废水也常作为灌溉用水。

4）在灌水时，切忌水流量过大，冲毁围堰，如发生土壤下陷，树木应及时扶正培土。

（4）封堰 三遍水之后，待充分渗透，用细土封堰，填土20cm，保水护根以利成活。

（5）设置支柱及保护器 为减少人为和自然损害造成树木倾斜、损伤，需要设立支柱或保护器。

1）绕干：对新植树木用草绳或遮阳网绕干，其绕干高度为1.3m。

2）立支柱：栽植树冠较大的乔木，应立支柱支撑。对于大规格或枝繁叶茂的乔木等，用毛竹四角支撑，即取四根毛竹，支撑树体中某一点。在绑扎点应用麻布或橡皮块包住，以免磨去皮层，或引起环剥，然后均匀布置四根毛竹的位置，着地点用石块垫住或跟打入地下的桩（木桩、水泥桩或钢管）用铁丝绑扎好，支撑点上用麻绳或尼龙绳绑好。

3）保护器：绿地中单株树木，为防止人为践踏和机械碰撞，应在树穴上安装镂空的铸铁或水泥盖板，并在盖板上配支架保护单株树木。同一条道路上的保护器应做到规格一致，整齐、结实、美观，不影响交通。

课后练习

1）乔木修剪有什么目的，应按什么原则进行修剪？
2）乔木定点放线的主要方式有哪些？
3）苗木挖穴时应注意哪些问题？
4）简述绿地中大树移植技术。

任务二 灌木及草坪种植施工

根据绿化场地的大小、乔木布置情况和气候条件，选择合适的灌木，让灌木更加衬托和点缀绿地，注重灌木搭配，使得植物空间层次丰富。栽植造景时把高度、形态、色彩、大小相对和谐统一的灌木在一定区域内搭配起来，而后修剪外表面，使植物组合成景，以满足不同的园林植物设计效果需要。在绿地种植施工时，灌木依据设计要求可以分为绿篱施工、色块施工和花灌木施工。草坪常与园林林木、园林小品等构成优美的景观环境，为人们提供休闲、观赏、运动等户外娱乐活动场所。

> **课前自学**

一、灌木施工日常养护管理措施

1. 浇灌、排水

1）夏季浇灌宜早、晚进行，冬季浇灌宜在中午进行。浇灌要一次浇透，尤其是春、夏季节。

2）若处高温久旱（气温高于35℃，连续10天未下雨）环境中，应及时进行浇灌，一般应在清晨或傍晚进行浇灌。

3）暴雨后一天内，若灌木周围仍然积水，应将积水排除。对处于地势低洼处的灌木等易受水淹的苗木，可采取打透气孔的方式排水（挖若干小洞，直径50mm左右，至根部，垂直插入相同直径PVC管，周边用土填实）。

2. 中耕、除草

1）灌木根部附近的土壤要保持树木根部疏松，易板结的土壤在蒸腾作用旺季应每两个月松土一次。

2）灌木周围的大型野草，应结合中耕进行铲除，特别注意具有严重危害的各类藤蔓（例如菟丝子等）。

3）中耕、除草宜在晴朗或雪后初晴且土壤不过分潮湿的条件下作业。

3. 施肥

1）休眠期可施基肥（如豆饼），如10月中旬至11月进行一次。树木处于生长期，可依据植株的长势对其施追肥。（注：花灌木应在花期前和花期后分别进行）

2）观花、观果植物可施堆肥0.5～1.5kg。树木青壮年期欲扩大树冠的，可适当增加施肥量。

3）灌木均应先挖好施肥环沟，其外径应与树木的冠幅相适应，深度和宽高均为25～30cm。

4）施用的肥料种类应视树种、生长期及观赏效果等不同要求而定。早期欲扩大冠幅，宜施氮肥，观花、观果树种应增施磷、钾肥。

5）施肥宜在晴天。

4. 修剪、整形

1）应通过修剪调整树形，均衡树势，调节树木通风透光和肥水分配，调整植物群落之间的关系，促使树木茁壮生长。灌木修剪应使枝叶繁茂、分布匀称；修剪应遵循"先上后下，先内后外，去弱留强，去老留新"的原则进行。绿篱类修剪，应促其分枝，保持全株枝叶丰满。花球应确保春、秋两季各修剪一次。

2）修剪时切口都要靠节，剪口要平整；对于过于粗壮的大枝应采取分段截枝法，操作时必须注意安全。

3）休眠期修剪以整形为主，可稍重剪；生长期修剪以调整树势为主，宜轻剪。有伤流的树种应在夏、秋两季修剪。

二、夏季花灌木种植施工要点

1. 种植苗木的选择

由于夏季是非种植季节，气温高、蒸发量大，极易造成植物脱水，对种植植物本身的要求就更高，在选材上要尽可能挑选根系发达、生长苗壮、无病虫害的苗木。在规格及形态符合设计要求的情况下，应遵循下列原则：一是尽量选用小苗，小苗比大苗的发根力强，移栽成活率更高。二是最好采用假植的苗木，假植时间短的苗木，根的活力比较旺盛；如无假植苗应选择近2年移栽过的苗木，这样的苗木须根多，土球不易破碎，吸水能力强，苗木的成活率较高。另外还要注意，大苗应提前做好断根、移栽措施。

2. 种植土壤的处理和挖穴

夏季花灌木的种植土必须保证足够的厚度，保证土质肥沃疏松，透气性和排水性能好。对有建筑垃圾等有害物质的地块，要清除废土，换上适宜植物生长的好土，施入腐熟的有机肥作基肥。在夏季种植苗木时，种植穴尺寸必须达到标准要求。

3. 起苗与运输

起苗与运输是保证花灌木种植成活的关键环节，土球质量和中间运输速度的控制非常重要。苗木的起运应注意天气变化，一般应选择在阴天起苗，连夜运至现场，并保证到场苗木枝叶新鲜，土球完整密实。

1）起苗时加大土球规格。土球直径一般为正常季节移栽的1.2～1.5倍。土球越大，根系越完整，栽植越易成活。苗木移植尽量避开高温干燥的天气，起苗最好安排在早晨或下午4点以后，以减少苗木水分损失。起苗之前可对树冠喷抗蒸腾剂，起苗后马上运输。如果土质松散，不易成球，可在起苗后，将根立即蘸泥浆，以保持根系湿润。

2）小型花灌木可于春季进行盆栽，如小叶黄杨、沙地柏、金叶女贞、小檗、锦带、月季等，可植于20～30cm黑皮盆中，盆中基质用原床土加入适量肥料，进行正常的肥水养护。需移栽时，直接去掉花盆，植入穴中。苗木土球不散，成活率可达100%。

3）苗木的运输要合乎规范，运输量应根据种植量确定。装车前，应先用草绳、麻布或草包将土球、树干、树枝包好，并进行喷水，保持草绳、草包的湿润，这样可以减少在运输途中苗木自身水分的蒸腾量。花灌木运输时须直立装车，夏季应尽量避免长途运输。

4）及时定植。花灌木运至施工现场后，及时组织人力、机械卸车；卸车时注意做好保护，不得损伤树体和土球；晴天卸车后将苗木紧密排放整齐，及时用遮阳网覆盖土球，避免太阳直射。当日不能种植时，应进行假植或喷水保持土球湿润。裸根苗自起苗开始暴露时间不宜超过8小时，必须当天种完。定植时，大型花灌木穴内可放入生根粉及一定量的以磷为主的复合肥拌土，填至70%左右，再填土至与地面平；并筑成高10～15cm的灌水土埝，浇透水。

4. 苗木修剪

夏季花灌木种植前应加大修剪量，剪掉植物本身1/2～2/3数量的枝条，以减少叶面呼吸和蒸腾作用。一些低矮的灌木，为了保持植株内高外低、自然丰满的圆球形，达到通风透光的目的，可在种植后修剪。

5. 种植后养护管理

浇水次数、间隔天数要根据实际情况来决定。若种植后连续下雨，则可减少浇水量和次数。反之，则需加大灌溉量。浇水时间最好在早晚，浇水后要及时培土。可用遮阴棚对树冠和片植灌木进行遮阴，棚的大小和树的冠幅或模块大小相当。另外，要定期对新发芽放叶的树冠喷雾，以保持湿度，提高苗木的成活率。还要经常观察花灌木生长是否正常，发现问题及时采取相应措施。

三、草坪的常见铺栽方法

1）无缝铺栽：这是不留间隔全部铺栽的方法。草皮紧连，不留缝隙，相互错缝。要求快速建成草坪效果时常使用这种方法。草皮的需要量和草坪面积相同。

2）有缝铺栽：各块草皮相互间留有一定宽度的缝进行铺栽。缝的宽度为4～6cm，当缝宽为4cm时，草皮必须占草坪总面积的70％以上。

3）方格形花纹铺栽：主要根据施工中植草砖采用方格型而定，将运来的方格型草砖间隔12cm满铺，留缝隙防止植草砖胀缩和填土用。这种方法虽然建成草坪较慢，但草皮的需用量只需占草坪面积的50％左右。

4）草坪植生带铺栽：草坪植生带是用再生棉经一系列工艺加工制成的有一定拉力、透水性良好、极薄的无纺布，并选择适当的草种、肥料，按一定的数量、比例通过机器撒在无纺布上，在上面再覆着一层无纺布，经黏合滚压成卷制成。它可以在工厂中采用自动化的设备连续生产制造，成卷入库。在经过整理的地面上满铺草坪植生带，覆盖1cm筛过的生土或河砂，早晚各喷水一次，一般10～15天（有的草种3～5天）即可发芽，1～2个月就可形成草坪，覆盖率100％，成草迅速，无杂草。

5）喷播草籽法（吹附法）：喷播草籽法即用草坪草籽加上泥炭（或纸浆）、肥料、高分子化合物和水混合浆，贮存在容器中，借助机械力量喷到需育草的地面或斜坡上，经过精心养护育成草坪。

6）草籽播种：即选择优良草坪播种。为确保草坪成品完整，在播籽前应对草籽的质量进行全面的控制。采购当年最新鲜的草籽，并在实验室进行试播，如种子的出芽率达到96％～98％时，可以大量采购，并用于施工中。待场地平整并耙细后，根据设计种植密度，先由技术工人用细砂等试播，其目的是确定播种草坪的均匀美观。播种时应做回纹式向后退进行播籽，以防草籽黏在鞋子底下，并采用无纺布覆盖，防止草籽被鸟类食用或被水冲走，引起草坪不均匀。播种后根据天气情况每天或隔天浇水，待幼苗长至3～6cm时可适当延长浇水间隔期，但要经常保持土壤湿润，并要及时清除杂草。

课中学习

工作流程

绿篱施工 → 色块灌木施工 → 花灌木施工 → 草坪铺植 → 养护管理

> 操作步骤

1. 绿篱施工

（1）绿篱材料的选择

1）绿篱植物材料种类很多，一般以枝叶细密耐修剪的常绿阔叶树或针叶树为主，也可选用花灌木，或落叶灌木作花篱。

2）按绿化设计要求的树种、规格，到苗圃选苗，选择植株生长健壮、丰满、无病虫害、无脱脚现象的苗木。

（2）绿篱的栽植

1）绿篱栽植前先挖种植沟，其沟规格应视土质和苗木规格确定。如土质不好，挖方应适当加大规格。一般栽植1～3年生小苗，沟宽50cm、深40cm，栽植大规格的绿篱要视土球直径而定。

2）种植绿篱地段如土壤瘠薄应施基肥或更换土壤。

3）绿篱栽植株距以树冠相接为原则进行（设计有特殊要求的按设计进行）。

4）绿篱栽后随即覆土、踏实、浇透水、扶直，第二天再复浇水一次，然后进行整形修剪。

（3）绿篱的修剪

1）新植绿篱高度按设计要求进行修剪，若无具体规定，依绿化实际应用分为矮篱20～25cm、中篱50～120cm、高篱120～160cm、绿墙160cm以上。

2）绿篱修剪常用的形状：一般有自然式绿篱和整形式绿篱（常见的有矩形、梯形、倒梯形、圆顶形。另外还有栏杆式、城墙垛口式）。

3）修剪方法：

① 自然式绿篱的修剪：通常以阻挡人们视线或防范为主的灌木篱（如绿墙、高篱、刺篱、花篱），采用自然式修剪，适当控制高度，剪去病虫枝，枯死枝，对徒长枝和影响灌木自然姿态的枝条进行短截或梳剪，使枝条自然生长、枝叶繁茂，提高遮掩效果。

② 整形式绿篱的修剪：常用于绿地的镶边和组织人流走向的矮篱、中篱。

a）绿篱定植后，为促使主干基部枝叶的生长，需要剪去植株高度的1/3～1/2，修去平侧枝，使下部侧枝萌生枝条，形成紧密的枝叶，不脱脚。

b）常绿针叶绿篱修剪时，主枝的剪口应在规定的高度5～10cm以下，避免粗大的剪口外露，然后用平剪或绿篱修剪机修剪表面枝叶。

c）成型绿篱修剪时要兼顾顶面与侧面，必须高度一致、整齐划一，篱面和四壁要平整，棱角分明、整齐美观，如视频7-2所示。

视频7-2
灌木修剪

2. 色块灌木施工

种植植物色块时，应按设计方案按不同品种分别栽植，规格相同但种类不同的植物，确保高度在同一水平面上。种植时应先种植图案轮廓线，后种植内部填充部分，大型色块应分区、分块种植。面积较大的色块灌木，可用方格线法，按比例放大到地面。

种植方法一般采用品字形或三角形种植。种植疏密度和株行距应按设计的要求定植。

每一种色块在图形范围内,可以挖一条横沟,基本上做到行、列间距相同并且对齐。放下树苗,扶正,覆客土捣实,再依次种下一排灌木,种植时不能留有空隙,要高低统一,种完后,先进行粗修剪,浇足水,第二天有倒伏的要扶正,并进行细修剪。栽后立即复踩踏实并浇足定根水,第二天再浇一次透水,并进行整形修剪。色块植物要求图案清晰,线条流畅,高矮整齐、密度一致,体现整体美。

3. 花灌木施工

花灌木运输时可直接装车。带土球小型花灌木运至施工现场后,应紧密排码整齐,当日不能种植时,应喷水保持土球湿润。带土球或湿润地区带宿土裸根苗木及上年花芽分化的开花灌木不宜作修剪,当有枯枝、病虫枝时应予剪除。枝条茂密的大灌木,可适量疏枝。对嫁接灌木,应将接口以下砧木萌生枝条剪除。分枝明显、新枝着生花芽的小灌木,应顺其树势适当强剪,促生新枝,更新老枝。

4. 草坪铺植

1)草坪植物的选择:草块应选择无杂草、生长势好的草源。在干旱地掘草块前应适量浇水,待渗透后掘取。草块运输时宜用木板置放 2～3 层,装卸车时应防止破碎。

2)整理铺设场地:铺设前进行绿化地平整、清理。一般来说由于草坪的根系 80% 分布在 20～40cm 的土层中,要求种植土的质量严格符合种植土标准要求,厚度不要低于 30cm。要求土块粒径在 5mm 以下,不易板结为好。

3)铺植工艺:铺植前,应先将场地表面土层翻松,其主要目的是增强草坪的生根。然后最好在草坪铺摊前一天用水稍微湿润表面层土,注意不要过湿。接着把整块的草坪铺摊在种植土上,相互间离缝 1cm 左右,铺摊完后,应用滚筒或铁板紧压草坪,确保草坪的平整度。当草坪的平整度基本达到满意后,用水浇透草坪,同时应禁止闲人进入草坪地块。过 1～2 天,草坪地水稍干时,可应用铁板紧压草坪,特别是个别不太平整的地方,如视频 7-3 所示。

视频 7-3 草坪铺设

5. 养护管理

竣工前安排养护工作人员进行养护管理,主要内容有:浇水、排水、施肥、中耕除草、整形与修剪、病虫害防治、防寒等。

课后练习

1. 绿篱栽植时需要怎么修剪?
2. 简述夏季种植花灌木的施工注意事项。
3. 简述色块植物种植的施工流程。
4. 草坪常见的铺植方式有哪些?
5. 实训报告:要求每个小组完成一份任务总结(见实训项目十一)。

参 考 文 献

[1] 中华人民共和国住房和城乡建设部. 园林绿化工程施工及验收规范：CJJ 82—2012[S]. 北京：中国建筑工业出版社，2014.
[2] 陈科东. 园林工程施工技术 [M]. 3 版. 北京：中国林业出版社，2022.
[3] 崔星，尚云博. 园林工程 [M]. 武汉：武汉大学出版社，2018.
[4] 吴戈军，田建林. 园林工程施工 [M]. 北京：中国建材工业出版社，2009.
[5] 李欣. 最新园林工程施工技术标准与质量验收规范 [M]. 合肥：安徽音像出版社，2004.
[6] 廖振辉. 最新园林工程建设实用手册：园路、园桥、场地设计与施工分册 [M]. 合肥：安徽文化音像出版社，2003.
[7] 刘海明. 园林工程施工技术 [M]. 北京：中国电力出版社，2022.
[8] 袁红伟. 风景园林水景工程设计与施工技术分析 [J]. 住宅与房地产，2020（36）：58-62.
[9] 陈向萍. 园路铺装施工技术在城市园林工程中的实践研究 [J]. 城市建筑，2019，16（35）：101-103.
[10] 肖亚丽，王宁. 园林施工新技术在园林工程中的应用 [J]. 现代园艺，2020，43（20）：198-200.
[11] 林娟娟. 园林工程施工中的节能型技术应用 [J]. 建材与装饰，2020（13）：61-64.
[12] 陈博，樊超宇. 园林工程铺装施工技术初探 [J]. 现代园艺，2022，45（1）：195-196-202.
[13] 吴建平. 景观园林工程中土方地形施工技术及质量控制 [J]. 中国建筑装饰装修，2022（23）：50-52.
[14] 许国庆. 驳岸工程施工技术流程与要点 [J]. 现代园艺，2009（4）：67-68.
[15] 史南君. 园林工程中景观挡土墙的种类与处理手法 [J]. 山西建筑，2008（26）：338-339.
[16] 王天琦. 基于LoRa自组网的智慧园林喷灌系统的设计 [D]. 河北科技大学，2023.
[17] 邓仕抄. 浅谈园路的施工技术 [J]. 科技资讯，2009（31）：104.
[18] 崔彦波. 泥木花架的施工工艺 [J]. 现代园艺，2009（4）：46-47.
[19] 科学技术出版社编委会. 最新景观喷泉、园林喷灌设备安装施工技术操作要点与维修维护疑难问题解析及技术经济评估应用手册 [M]. 北京：科学技术出版社，2009.
[20] 刘显国. 岭南园林中塑石假山的工艺特点 [J]. 广东建材，2010，26（3）：177-179.
[21] 黄金霞，黄根平. 景观照明灯具类型与选用 [J]. 中国照明电器，2008（6）：19-22.
[22] 黄永越. 喷灌设计在园林施工中的应用 [J]. 科学之友，2010（14）：164-166.
[23] 洪飞宇，白家波. 城市道路绿地的自动喷灌设计 [J]. 交通节能与环保，2010（1）：45-48.

高等职业教育园林工程技术专业系列教材

园林工程施工技术实训手册

活页纸

学校：_____

班级：_____

姓名：_____

学号：_____

机械工业出版社

前　言

　　本实训手册内容依据园林工程建设的工作程序，通过对拟建的园林工程项目进行施工，使设计方案得以具体实施，各项施工技能得到锻炼、提高，达到实践教学目的。编写时打破了传统教材的理论性、系统性编写方式，以园林工程实例的施工工作流程为主线，将园林工程的施工过程讲述清楚，图文并茂，简洁明了，便于指导和理解，使学生一学就会，能够按照施工步骤独立完成施工项目。

　　本实训手册提供了一套实训施工图，设置了土方施工、照明施工、木铺装施工、硬质铺装施工、天然假山施工、自然水池施工、砖砌花池工程施工、黄木纹片岩干垒挡土墙施工、花架绿植墙施工、新中式景墙施工、绿化种植施工的项目实训。

　　本实训手册可作为高等职业院校园林工程技术、园林技术专业等相关专业的综合实训指导书，也可作为五年制高职、成人教育中园林及相关专业的综合实训指导书，也可供园林工作人员参考。

前言

实训项目一　土方施工 1

实训项目二　照明施工 3

实训项目三　木铺装施工 5

实训项目四　硬质铺装施工 9

实训项目五　天然假山施工 11

实训项目六　自然水池施工 13

实训项目七　砖砌花坛工程施工 17

实训项目八　黄木纹片岩干垒挡土墙施工 21

实训项目九　木花架绿植墙施工 23

实训项目十　新中式景墙施工 27

实训项目十一　绿化种植施工 31

实训施工图 33

实训项目一 土方施工

1. 施工准备

施工前的准备分为工具准备和土方准备，工具：准备挖方、运方、测量、夯实等工具；土方：填方用土、种植用土、土壤改良材料等不同种类的土方，实训中一般统一使用泥沙代替。

2. 定位放样

放样前根据实训图方位确定标高零点和坐标原点，根据总平面图和竖向标高图中需要填方、挖方的位置，用定位桩等先把定位点测定出来，再钉木桩。接着，用细绳按顺序确定等高线位置，并根据等高线方向用石灰粉放线，勾勒出地形图案。

3. 土方开挖

在需要挖方的位置进行挖方，挖方时注意地下管线等设施。挖方区域主要考虑水池、砌筑和铺装需要挖掘基础的位置。

4. 运方填方

把挖出的土方运送到需要堆放的位置。近距离土方运输可以直接用人力，稍远距离土方运输可以借用手推车等工具。填土的过程中用木夯对回填土方进行压实或夯筑，人力打夯前，应将填土层初步整平。打夯时，要按一定方向进行，两遍纵横交叉，分层夯打；夯实基槽及地坪时，行夯路线应由四边开始，然后再夯向中间。

5. 地形修整

用铁锹、耙子对地形表面进行修坡，堆坡要顺滑且过渡要自然；复核土方施工区域已知定位点的位置和标高等，看是否与图纸一致，要特别注意对堆坡的最高标高进行复核。

本实训项目考核评价见表 1-1。

表 1-1　土方工程施工实训考核评价

序号	考核要求与标准（100 分）
1	施工场地整洁，工具、材料摆放整齐（20 分）
2	完全按照规范要求操作，施工工艺合理，工序正确，全程井然有序（20 分）
3	熟练、正确地使用工具设备和防护工具，且能根据材料的特性，准确、合理地使用，全程做好安全防护（20 分）
4	地形整理效果好，土方地形坡面平滑、顺畅，过渡自然（20 分）
5	土方工程施工按照图纸全部完成（20 分）

园林工程施工技术实训手册

任务：　　　　　　　　　　　　　　　　　　　日期：

工匠之责

制定计划：
_____
_____

监督执行情况：
_____
_____
_____

工匠之魂

学习之德：
_____
_____

目标差距：
_____
_____
_____

工匠之学

技能之计：
_____
_____

自我反省：
_____
_____
_____

工匠之行

进度控制情况：
_____
_____

沟通执行情况：
_____
_____
_____

实训项目二 照明施工

1. 施工准备
熟读实训施工图,准备施工工具和材料,做好劳动安全防护。确保已切断电源,进入施工区域的人员已了解用电安全事项。

2. 电缆预埋
土方施工过程中已预埋了电线电缆和草坪灯基座,确保草坪灯基座定位准确,电缆线无打结、断裂等情况。

3. 零部件检查
检查并确认灯具、电缆、插头等的完整性、安全性和位置正确。基础开挖时,可适当增大开挖区域;支座安置好后应立即回填土,将周围掩埋并夯实。

4. 零部件组装
根据电源的长度留取适当长度的电线电缆后,再根据插座的孔数组装相应插头;国标三脚插头接线时要坚持"左零右火上接地"原则;按照灯具组装说明书组装灯具,若为成品套装灯具,检查完整性即可。

5. 灯具安装
根据"零对零、火对火、接地线对接地线"的原则,将灯具电线与电缆线接好,用绝缘胶带包裹并固定好;灯具电线与电缆线的颜色要做到一一对应。

6. 试通电
试通电时,若发现有问题,应及时切断电源进行检查和整修。试通电前,应提前提醒和示意周边的人员注意安全。

7. 清理施工现场
回收工具和材料,打扫清理现场,不浪费材料,不污染环境;对于能回收利用的资源,坚持回收后备下次再利用;对于施工垃圾要进行分类处理。

本实训项目考核评价见表 2-1。

表 2-1 照明工程施工实训考核评价

序号	考核要求与标准(100 分)
1	施工场地整洁,工具、材料摆放整齐(20 分)
2	完全按照规范要求操作,施工工艺合理,工序正确,全程井然有序(20 分)
3	熟练、正确地使用工具设备和防护工具,且能根据材料的特性,准确、合理地使用,全程做好安全防护(20 分)
4	按照图纸完成电气安装(20 分)
5	草坪灯正常工作,无闪烁、短路等(20 分)

园林工程施工技术实训手册

任务：　　　　　　　　　　　　　　　　　　　　日期：

工匠之责

制定计划：
_____
_____
_____

监督执行情况：
_____
_____
_____
_____

工匠之魂

学习之德：
_____
_____

目标差距：
_____
_____
_____
_____

工匠之学

技能之计：
_____
_____

自我反省：
_____
_____
_____

工匠之行

进度控制情况：
_____
_____
_____

沟通执行情况：
_____
_____
_____

实训项目三　木铺装施工

1. 识图

   施工前，首先要对实训图进行认真研读。研读的主要内容包括结构和构件的规格尺寸。首先要对照图纸，清楚构筑物由哪几部分构成及各部分之间的关系。尺寸图上会标注构筑物的外形尺寸，详图上会标注各个构件的尺寸，而有些构件的尺寸需要我们根据其外形尺寸、结构详图经过认真细致地计算，才能获得。

2. 列材料清单

   根据木平台的尺寸图及详图计算出各种木料的尺寸、数量，列好清单并分类。构成木平台的木料种类一般分为立柱料、龙骨料、面板料、封边板料。

3. 下料

   根据列好的清单，用卷尺在各类木料上量好尺寸并用铅笔画线做好长度标记，之后使用木材切割机对木料进行裁切，切割过的木料切割端要进行打磨，用砂纸磨去毛刺。

4. 安装龙骨

   构件安装应遵循由主到次、由下而上、由内而外的顺序。即先安装骨架，后安装辅料；先安装下层构件，后安装上层构件；先安装内部构件，后安装外部构件。安装龙骨时应先将龙骨按照龙骨布置图在空地上一一对应地排布出来，之后使用电钻和木螺钉将相应龙骨连接起来。

5. 安装立柱

   将事先切割好的立柱使用木螺钉与龙骨连接，立柱的上表面应与龙骨的上表面齐平，每两个立柱之间的距离控制在 1m 以内。

6. 挖基坑放置垫层

   将木平台的立柱位置准确地在工位池中放样，开挖好基坑，并对基坑进行夯实，以防止沉降。然后在基坑内放置块石或砖块作为柱脚。柱脚安装要平整，其标高要严格控制，准确调整标高到预定标高，一般立柱下埋大于 10cm。基础施工完成以后，一定要对开挖的基坑（槽）进行回填、夯实并平整好场地。

7. 安装面板

   将切割好的面板木料均匀地排列在木平台框架上（缝隙要提前计算，大小控制在 5～8mm 之间为宜）。排列好面板后沿着受力龙骨在面板上用墨斗或粉斗弹出笔直墨迹，沿着墨迹钉上木螺钉，使木螺钉在一条直线上且钉帽不高于面板表面。

8. 安装封板

   面板安装完毕后在木平台的四周装上封边板，要求封边板与面板贴合且上表面齐平。

9. 打磨

   最后将木平台整体打磨，磨去毛刺和墨迹并清扫干净。

本实训项目考核评价见表3-1。

表3-1 木铺装工程施工实训考核评价

序号	考核要求与标准（100分）
1	木平台尺寸1容差±0～2mm，20分；±2～4mm，15分；>4mm，12分以下
2	木平台尺寸2容差±0～2mm，20分；±2～4mm，15分；>4mm，12分以下
3	木平台高度1容差±0～2mm，10分；±2～4mm，7分；>4mm，5分以下
4	木平台高度2容差±0～2mm，10分；±2～4mm，7分；>4mm，5分以下
5	每一个柱基础均经过了开挖、夯实、垫砖块等流程且按图纸要求施工（10分）
6	龙骨上的螺钉均位于一条直线上（10分）
7	面板的缝隙均匀（10分）
8	木作所有切割部分均打磨过（10分）

任务：　　　　　　　　　　　　　　　　日期：

工匠之责

制定计划：
_____
_____

监督执行情况：
_____
_____

工匠之魂

学习之德：
_____
_____

目标差距：
_____
_____

工匠之学

技能之计：
_____
_____

自我反省：
_____
_____

工匠之行

进度控制情况：
_____
_____

沟通执行情况：
_____
_____

实训项目四 硬质铺装施工

1. **识图**

   表达铺装施工的图纸一般有平面图、剖面图、大样图。需要从相关图纸中确定铺装的内容、位置及标高和尺寸。

2. **准备材料工具**

   施工前将铺装所需要的工具及材料准备到位，并对材料进行品种、规格和数量的清点复查。

3. **定位放样**

   使用卷尺测量出铺装区域角点的坐标，并在坐标处打上木桩，再用细线连接各个木桩，框出铺装区域边界线。

4. **基础开挖夯实**

   根据计算好的标高确定基础开挖深度，并夯实整平（有时需铺撒碎石垫层）。

5. **安装路缘石**

   在园路两侧开挖出更深一些的沟槽，按顺序安装路缘石并调整标高和水平，路缘石的长度和角度需要根据图纸提前计算，不足整块时需要切割并且一般切割块料长度不小于整块的三分之一，安装好路缘石后及时对路缘石两侧的沟槽进行回填并适当夯实。

6. **铺设面层**

   路缘石安装完毕后，先对面层铺装区域基础进行整平，对面层块料进行有序铺装，铺装过程应全程测量标高和水平。密缝铺装的面料基本上都是形状规则的，在铺装施工开始之前，要对区域内面板的分布进行预排，确定是对缝铺装还是错缝铺装。一般对于长方形块料，大多采用错缝铺装，正方形块料大多采用对缝铺装。密缝铺装对缝隙要求较高，一般要求铺装的缝隙不大于 1mm，而且缝隙要齐整，不能错位扭曲。当铺装区域和面料之间不能完全匹配时，就需要对面料的边角部位进行切割。切割的尺寸必须精准，这样可以保证铺装面和路缘石之间完全贴合。

7. **清扫铺装面层**

   所有铺装面层完成后将铺装区域打扫干净，余料清出场外并摆放整齐。

   本实训项目考核评价见表 4-1。

表 4-1 硬质铺装工程施工实训考核评价

序号	考核要求与标准（100 分）
1	铺装尺寸 1 容差 ±0～2mm，20 分；±2～4mm，15 分；>4mm，12 分以下
2	铺装尺寸 2 容差 ±0～2mm，20 分；±2～4mm，15 分；>4mm，12 分以下
3	铺装面层高度容差 ±0～2mm，20 分；±2～4mm，15 分；>4mm，12 分以下
4	路路缘石高度容差 ±0～2mm，20 分；±2～4mm，15 分；>4mm，12 分以下
5	铺装的基础经过了开挖、夯实等流程且按图纸要求施工合理（10 分）
6	铺装面层水平（10 分）

园林工程施工技术实训手册

任务： 日期：

工匠之责

制定计划：

_____
_____

监督执行情况：

_____
_____
_____

工匠之魂

学习之德：

_____
_____
_____

目标差距：

_____
_____
_____

工匠之学

技能之计：

_____
_____
_____

自我反省：

_____
_____
_____

工匠之行

进度控制情况：

_____
_____

沟通执行情况：

_____
_____
_____

实训项目五 天然假山施工

1. 根据设计图纸完成假山材料挑选

熟悉图纸：图纸包括假山底层平面图、顶层平面图、立体图、剖面图及洞穴、结顶等大样图。根据设计图纸尺寸要求，结合山体总体布局、山体走向、山峰位置、主次关系和沟壑、洞穴、溪涧的走向，挑选材料尽量做到体量适宜，布局精巧，能充分体现出设计的意图，为掇山施工提供参考。

2. 施工放线

根据实训图纸的位置与形状在地面上放出假山的外形形状。由于基础施工比假山的外形要宽，放线时应根据设计适当放宽。在假山有较大幅度的外挑时，要根据假山的重心位置来确定基础的大小。

3. 挖槽

根据基础的深度与大小挖槽。假山堆叠于北方一般满拉底，基础范围覆盖整个假山，挖槽的范围与深度需要根据设计图纸的要求进行。

4. 拉底

拉底层山石大部分在地面以下，只有小部分露出地表，不需要形态特别好的山石。但由于它是受压最大的自然山石层，所以拉底山石要求有足够的强度，宜选用顽夯没有风化的大石。

5. 中层施工

山石上下的衔接要求石石相接、严密合缝。除有意识地将大块面露在外面，避免在下层石上面露出很破碎的石面。在下层石面之上，再行叠放应放于一侧，破除对称的形体。

6. 收顶

假山的顶部，对山体的气势有着重要的影响，因此一般选姿态、纹理好，体量大的石块作收顶石。

本实训项目考核评价见表 5-1。

表 5-1 天然假山施工实训考核评价

序号	考核要求与标准（100 分）
1	达到设计所要求的强度、刚度、稳定性，表面清洁，完全能满足下一道工序施工要求（20 分）
2	所选石料造型、体量、尺度、色泽、纹理、质感等特性符合设计要求（20 分）
3	施工者的艺术素养、技术水平、工作经验、责任心等较强。施工过程中吊装设备性能，人员安全疏散范围，能由专人指挥（20 分）
4	石景艺术性强：宾主、层次、起伏、曲折、凹凸、顾盼等方面（20 分）
5	检查施工后对石景的安全保护措施，清理清洁工作（20 分）

任务：　　　　　　　　　　　　　　　　日期：

工匠之责

制定计划：
_____
_____

监督执行情况：
_____
_____
_____

工匠之魂

学习之德：
_____
_____

目标差距：
_____
_____
_____

工匠之学

技能之计：
_____
_____

自我反省：
_____
_____

工匠之行

进度控制情况：
_____
_____

沟通执行情况：
_____
_____
_____

实训项目六 自然水池施工

1. 识图

   本次施工教学所使用的是自然式水池施工图,要求施工者能正确地从图纸中获取水池池岸线关键坐标点,景墙的材料、元素组成及位置、尺寸等信息。

2. 放样

   按照设计平面图用石灰、细线和卷尺放样。根据设计平面图,水池是过特定坐标点的自然曲线形状,在施工前将设计水池的控制点一一标到地面上并打桩,木桩上要注明桩号和施工标高。标高点根据现场引测的 ±0.000 测定标高。轴线控制桩按照图纸要求测设完成后,用石灰粉连接各点画出曲折自然的池岸线。

3. 水池开挖

   水池土方的开挖应注意池底的深度和池岸的坡度;自然式水池的开挖应注意池岸高度应略低于四周地形高度,便于场地雨水排放,池底深度视水池大小而定,池底至池岸应形成碟形缓坡,池底需提前挖出水泵坑。土方开挖完成后应对池底进行夯实之后再细沙铺面,防止水池塌陷及防水膜破裂。

4. 铺设防水膜

   水景的防水材料有沥青防水卷材、聚氨酯防水涂料、PVC(聚氯乙烯)防水卷材等,这些卷材有各自的特点,可以根据需求选择自己想要的防水材料。实训中采用塑料薄膜作为防水材料,池底处理完成后均匀铺设防水膜,防水膜面积要略大一些,便于之后挖沟槽进行防水膜镇压。

5. 安装水泵

   将水泵与预埋的水管连接,并适当隐藏水泵。水泵的位置一定要适当,便于调节和维修,或放在水源比较深的地方,这样能保证有足够的水能被输送出去,而且要保证没有淤泥,否则会造成水泵的堵塞。

6. 铺撒鹅卵石

   水池中鹅卵石的铺撒顺序应当由池底向四周铺撒,要求均匀平整能完全覆盖防水膜和水泵,然后将多余的防水膜剪去并挖出沟槽,用沙土镇压防水膜边缘,最后使用鹅卵石对池岸进行修整,使池岸线曲折自然界限明显。

7. 注水并调试出水口

   向水池中注入清水至设置的水面高度,清除水面漂浮物,之后将水泵通电调节瀑布水口出水量,直至瀑布出水量适中且均匀。

   本实训项目考核评价见表 6-1。

表 6-1 自然水池施工实训考核评价

序号	考核要求与标准（100 分）
1	水面上没有垃圾（10 分）
2	防水膜安装正确，不漏水（20 分）
3	水景中水能正常循环（10 分）
4	水泵安装及设置合理（20 分）
5	草坪灯正常工作，无闪烁、短路等（20 分）
6	水口水平，出水均匀。出水范围值布满出水口宽度的 100%，20 分；60%～99%，15 分；<60%，10 分以下

任务：　　　　　　　　　　　　　　　　日期：

工匠之责

制定计划：

_____
_____

监督执行情况：

_____
_____
_____

工匠之魂

学习之德：

_____
_____

目标差距：

_____
_____
_____

工匠之学

技能之计：

_____
_____

自我反省：

_____
_____
_____

工匠之行

进度控制情况：

_____
_____

沟通执行情况：

_____
_____
_____

实训项目七 砖砌花坛工程施工

1. 识图并计算相关数据

根据实训图确定花坛的位置、形状、尺寸、标高等数据信息后计算出按照1cm的砂浆缝隙所需砌筑的层数及每层的标高、花坛每条边的砖块数量及所需切割砖块的尺寸。

2. 放样

根据图纸要求将花坛的位置用细线和木桩在工位池中框选出来。

3. 基础开挖夯实

在所放出的位置界限范围内将土方开挖至零点标高以下并将素土夯实，开挖深度根据墙体的总高程与墙体的砖层数推算而来，开挖夯实后再用细砂或砂砾找平处理。

4. 切砖

根据花坛每条边的尺寸和角度计算出合理的排砖方式，对需要切割的标准砖使用台式石材切割机进行切割。

5. 排砖

将第一层砖沿放样线每两块砖之间留1cm的砖缝进行排列并调整好标高。

6. 搅拌砂浆

墙体砌筑前要先拌和水泥砂浆（砂子和石灰的比例一般为3:1，先将砂子和石灰充分拌匀后再逐渐加水拌和直至砂浆黏稠、不沥水、不黏刀）。

7. 角砖砌筑

从花坛的每个角开始砌筑，将每个转角砌至2～3层，每砌一块都需用标高尺测定标高。

8. 填砖

在花坛每条边的角砖之间拉线依次铺浆填砖，使每块砖的外沿对齐细线。砂浆厚度为1cm为宜，砌筑时砂浆要饱满，实心砖砌体水平，灰缝砂浆饱满度不得低于80%，墙角处缝隙不可缺浆，舌浆要及时刮除。墙体错缝砌筑，上下层竖缝间距应大于5cm，不可游丁走缝，应竖缝竖直、横缝水平。

9. 安装压顶板

根据提前计算好的压顶板尺寸画线切割完成后，使用水泥砂浆将压顶板依次砌筑在花坛的最顶层，要求压顶板外边沿挑空2cm。

10. 勾缝

用勾缝器将缝隙内多余砂浆抹除，使缝隙光滑明显。

本实训项目考核评价见表7-1。

表 7-1　砖砌花坛工程施工实训考核评价

序号	考核要求与标准（100分）
1	花池墙体尺寸1容差±0～2mm，20分；±2～4mm，15分；>4mm，12分以下
2	花池墙体尺寸2容差±0～2mm，20分；±2～4mm，15分；>4mm，12分以下
3	花池高度1容差±0～2mm，20分；±2～4mm，15分；>4mm，12分以下
4	花池高度2容差±0～2mm，20分；±2～4mm，15分；>4mm，12分以下
5	花池的基础经过了开挖、夯实等流程且按图纸要求施工合理（10分）
6	错缝砌筑且灰缝均匀（10分）

任务：   日期：

工匠之责

制定计划：
_____
_____

监督执行情况：
_____
_____
_____

工匠之魂

学习之德：
_____
_____

目标差距：
_____
_____
_____

工匠之学

技能之计：
_____
_____

自我反省：
_____
_____
_____

工匠之行

进度控制情况：
_____
_____

沟通执行情况：
_____
_____
_____

实训项目八　黄木纹片岩干垒挡土墙施工

1. 识图
根据实训图确定石墙的位置、形状、尺寸、标高等数据信息。

2. 放样
按照设计平面图用石灰、细线和卷尺放样。根据设计平面图石墙角点的坐标在工位池中找出对应的坐标点并立好木桩（默认工位池左下角为坐标原点），之后用细线或白石灰连接各角点坐标划出石墙的平面形状。

3. 地基开挖、夯实
对石墙放样线内地基进行开挖至 ±0.000 标高以下，大致整平之后再用木夯夯实。

4. 挑选石料
从料堆里将石块挑选搬运至工位池里并将石块按厚度进行大致分类。

5. 垒砌石块
从最底层逐层垒砌，一般分好类的石块中最厚的一类放置最底层，先放置石墙两端和拐角处石块（称为角石），之后从角点处拉线垒砌边侧石块（称为边石），再在边石之间的空洞处填补石块（称为腹石），确保每一层石块尽量平整。依次从最底层垒砌至最顶层且每层不少于三块横向搭接石块（横跨整个石墙宽度的石块），每垒砌一层石块宽度略微减小使石墙侧立面呈梯形，称为放坡。

6. 面层垒砌
石墙的最顶层标高应满足竖向标高图中的标高要求，最顶层石料应选择表面尽量平整的石块并且用碎料垫块调整顶层标高。

7. 标准测定
最后对石墙的各部分数据尺寸进行测定及主观评价。

本实训项目考核评价见表 8-1。

表 8-1　黄木纹片岩干垒挡土墙工程施工实训考核评价

序号	考核要求与标准（100 分）
1	石墙的高度 1 容差 ±0～2mm，20 分；±2～4mm，15 分；>4mm，12 分以下
2	石墙的高度 2 容差 ±0～2mm，20 分；±2～4mm，15 分；>4mm，12 分以下
3	墙体放坡（墙身下部稍大于上部，以保持稳定）（10 分）
4	基础经过开挖夯实等流程（10 分）
5	完成面宽度不小于 400mm，基础不小于 500mm（20 分）
6	错缝干垒，通缝数 0 条，20 分；1～4 条，15 分；>5 条，12 分以下

园林工程施工技术实训手册

任务： 日期：

工匠之责

制定计划：
_____
_____

监督执行情况：
_____
_____
_____

工匠之魂

学习之德：
_____
_____
_____

目标差距：
_____
_____
_____

工匠之学

技能之计：
_____
_____
_____

自我反省：
_____
_____
_____

工匠之行

进度控制情况：
_____
_____

沟通执行情况：
_____
_____
_____

实训项目九 木花架绿植墙施工

1. 识图

    施工前,首先要对实训图进行认真研读。研读的主要内容包括结构和构件的规格尺寸。首先要对照图纸,清楚构筑物由哪几部分构成及各部分之间的关系。尺寸图上会标注构筑物的外形尺寸,详图上会标注各个构件的尺寸,而有些构件的尺寸需要我们根据其外形、结构详图经过认真细致地计算,才能获得。

2. 列材料清单

    根据木平台的尺寸图及详图计算出各种木料的尺寸、数量,列好清单并分类。构成花架的木料种类一般分为立柱料、龙骨料、面板料。

3. 下料

    根据列好的清单用卷尺在各类木料上量好尺寸并用铅笔画线做好长度标记,之后使用木材切割机对木料进行裁切,切割过的木料切割端要进行打磨,用砂纸磨去毛刺。

4. 构件组装

    将切割好的木料按照提前做好的标记按顺序组装搭接在一起,先连接背板用以控制绿墙的尺寸以及保证立柱的稳固,背板和立柱的连接处至少打三颗钉子,三颗钉子呈等腰三角形排列。之后进行绿植墙面板的排列,根据设计的图案形状选用适当长度的面板,排列面板时应注意缝隙均匀一致,一般保持在1cm左右,之后画线打钉,保证钉子在一条直线上。

5. 安装立柱

    将事先切割好的立柱使用木螺钉与龙骨连接,立柱的上表面应与龙骨的上表面齐平,每两根立柱之间的距离控制在1m以内。

6. 种植区图案切割

    面板铺设完成后根据提前设计好的图案使用卷尺和铅笔进行放样。在面板上画出清晰的线条,之后使用曲线锯进行切割,切割时保持匀速使切割断面光滑平整、曲折自然并使用砂纸对毛刺进行打磨。

7. 现场安装

    现场安装前使用卷尺测量出立柱的位置并做标记,之后在立柱所在位置挖出立柱坑并在下方放入垫块,调整垫块的深度,垫块的作用为通过调整垫块的深度控制绿植墙的高度和防止绿植墙沉降。再放好绿植墙木骨架,调整好位置、高度、垂直度即可回填砂土。

8. 安装种植袋

    在切割出的图案镂空部位背板上安装种植布袋,使种植布袋完全填充镂空图案,多余部分可用剪刀剪去。

9. 种植绿植

绿植墙植物一般选用观叶植物，观花、观果植物，蕨类植物或苔藓。将提前备好的绿植从容器中取出放入种植袋中并补充种植基质并浇水。植物的种植，一般需要采用散植、丛植等，形成一定的层次，有利通风，促进植物的生长。

本实训项目考核评价见表 9-1。

表 9-1　木花架绿植墙施工实训考核评价

序号	考核要求与标准（100 分）
1	花架尺寸 1 容差 ±0～2mm，20 分；±2～4mm，15 分；>4mm，12 分以下
2	花架尺寸 2 容差 ±0～2mm，20 分；±2～4mm，15 分；>4mm，12 分以下
3	花架高度 容差 ±0～2mm，10 分；±2～4mm，7 分；>4mm，5 分以下
4	花架立柱垂直（10 分）
5	每一个柱基础均经过了开挖、夯实、垫砖块等流程且按图纸要求施工（10 分）
6	龙骨上的螺钉均位于一条直线上（10 分）
7	面板的缝隙均匀（10 分）
8	花架木料所有切割部分均打磨过（10 分）

任务：　　　　　　　　　　　　　　　　　　日期：

工匠之责

制定计划：
_____
_____

监督执行情况：
_____
_____

工匠之魂

学习之德：
_____
_____

目标差距：
_____
_____

工匠之学

技能之计：
_____
_____

自我反省：
_____
_____

工匠之行

进度控制情况：
_____
_____

沟通执行情况：
_____
_____

实训项目十 新中式景墙施工

1. 识图

本次施工教学所使用的筒瓦景墙施工图,要求施工者能正确地从图纸中获取景墙墙体及各关键节点的高度,景墙的材料、元素组成及位置、尺寸等信息。

2. 放样

将平面图纸上反映的景墙位置信息通过卷尺测量用白石灰或棉线在实地上放样,从而准确地控制景墙在整个场地中的位置界限。

3. 地基处理

在所放出的位置界限范围内将土方开挖至零点标高以下并将素土夯实,开挖深度根据墙体的总高程与墙体的砖层数推算而来,开挖夯实后再用细砂或砂砾找平处理。

4. 基层排砖

根据墙体的高度和尺寸计算出第一层砖的标高和砖的块数及缝隙大小,其中基层的标高为墙体的总高度依次减去压顶和标砖以及砂浆层的厚度;一般砖砌墙体缝隙控制在1cm左右,根据墙体的长度尺寸计算出整砖块数以及小于一块整砖的部分需提前进行砖块的切割。基层要采用丁砖排列或宽于墙体的大放脚处理。

5. 墙体砌筑

墙体砌筑前要先拌和水泥砂浆(沙子和石灰的比例一般为3:1,先将沙子和石灰充分拌匀后再逐渐加水拌和直至砂浆黏稠、不沥水、不黏刀),之后墙体砌筑应先盘角测定标高后两头拉线铺浆砌筑。此次施工景墙为240mm宽墙体,可采用一顺一丁、三顺一丁或全丁的砌筑方式。砂浆厚度为1cm为宜,砌筑时砂浆要饱满,实心砖砌体水平,灰缝砂浆饱满度不得低于80%,墙角处缝隙不可缺浆,舌浆要及时刮除。墙体错缝砌筑上下层竖缝间距应大于5cm,不可游丁走缝,应竖缝竖直、横缝水平。

6. 筒瓦摆放

景墙的砖砌框架完成后即可在景墙的漏窗部分依次摆放筒瓦,筒瓦的立面要整齐一致。

7. 压顶砌筑

压顶也称墙帽,砌筑墙体的顶部完成面一般都会挑出墙体的主体,这一层称为墙体的压顶,一般采用和墙体相同的砌筑材料挑边砌筑或上表面光滑的花岗岩石板砌筑。景墙的压顶石应当左右对称,前后挑边及左右挑边一致,压顶的完成面要保证水平。

8. 勾缝

砌筑墙体的勾缝也称美缝,砖墙面勾缝是为了使清水墙面灰缝紧密,防止雨水浸入墙内,同时也使墙面整齐美观。砖墙面勾缝按材料不同分为原浆勾缝和加浆勾缝两种。原浆勾缝即在砌墙施工过程中,用砌筑砂浆勾缝;加浆勾缝是在墙体施工完成后用抹灰砂浆勾缝。这里使用勾缝刀等工具原浆勾缝,将砖缝里的砂浆勾出光滑均匀一致的略内陷于砖面的凹缝,以提升墙面整体的美观度。

9. 数据测定

最后对墙体的各部分数据尺寸进行测定及主观评价。使用卷尺随机抽测墙体的长度，在误差允许范围内即为合格，水平尺测量墙体垂直度和完成面即压顶板的水平，水平尺气泡居中即为合格。

本实训项目考核评价见表10-1。

表10-1 新中式景墙工程施工实训考核评价

序号	考核要求与标准（100分）
1	景墙错缝砌筑且均匀、墙体砌筑顺丁结合（20分）
2	景墙高度容差±0～2mm，20分；±2～4mm，15分；>4mm，12分以下
3	景墙压顶尺寸容差±0～2mm，20分；±2～4mm，15分；>4mm，12分以下
4	景墙墙体经过了砌筑等流程且按图纸要求施工（10分）
5	景墙墙体稳固、整齐、完美（10分）
6	景墙墙面垂直度合格（20分）

任务： 日期：

工匠之责
制定计划：
_____
_____

监督执行情况：
_____
_____

工匠之魂
学习之德：
_____
_____

目标差距：
_____
_____

工匠之学
技能之计：
_____
_____

自我反省：
_____
_____

工匠之行
进度控制情况：
_____
_____

沟通执行情况：
_____
_____

实训项目十一 绿化种植施工

1. 识图
依据施工图,要求严格按规范种植植物,定点植物种植无误,草皮铺植平整、紧实、接缝严密。

2. 放样
将绿化施工图纸反映的植物位置信息通过卷尺测量,用白石灰或棉线在实地上放样,从而准确地控制苗木在整个场地中的位置边界。

3. 苗木种植
植物全部从容器中取出并除去土球包裹及标签,种植技术符合行业标准,植物垂直并适度修剪,植物最具美感的那面朝向入口,植物布局合理,层次分明,过渡自然。

4. 草坪铺设
草坪基层密实,表面铺植时平整且坡度均匀一致,草皮不漏缝不重叠。

5. 标准测定
最后对绿化种植部分数据尺寸进行测定及主观评价。提供的植物除草皮外全部用完。

本实训项目考核评价见表11-1。

表11-1 绿化种植施工实训考核评价

序号	考核要求与标准（100分）
1	乔木A、B容差±0～2cm,10分;±2～3cm,5分;＞3cm,0分
2	提供的植物（草坪除外）全部被使用（20分）
3	植物全部从容器中取出或除去土球包裹及标签（20分）
4	种植技术符合行业标准,植物垂直并适度修剪,植物最具美感的那面朝向入口（20分）
5	植物布局合理,层次分明,过渡自然（10分）
6	草皮铺植坪床密实,表面平整且坡度均匀一致,草皮铺设整齐,不漏缝不重叠（20分）

园林工程施工技术实训手册

任务： 日期：

工匠之责

制定计划：
___
___

监督执行情况：
___
___

工匠之魂

学习之德：
___
___

目标差距：
___
___

工匠之学

技能之计：
___
___

自我反省：
___
___

工匠之行

进度控制情况：
___
___

沟通执行情况：
___
___

实训施工图

施工说明

一、本施工图为全国职业院校技能大家园艺项使用,如果和行业施工规范不一致,请遵照本图要求进行实施。

二、所有砌筑项目,基础部分均须进行开挖、夯实。石墙采用黄木纹片岩干垒,垒砌时上下不能通缝,缝隙间不可以填土或细砂,应回填块料或砾石;如果片岩尺寸较小,可分内外两片垒砌,顶层须设置不少于4块的横向连接。花池用标准砖水泥砂浆砌筑,图示尺寸为花池墙体尺寸,压顶板采用外沿悬挑2cm的方式;砂浆填缝须饱满(勾缝)。砌筑用砂浆由选手现场拌和。

三、地面铺装应在素土夯实、找平后进行块料铺装。花岗岩铺装须密缝且错缝铺设,小料石铺装须用细砂填缝,填缝须密实;小料石铺装中,边角部分二次加工须用凿子加工,严禁使用切割机切割。

四、水池开挖完成后,应先进行夯实,再用细砂找平后方可铺防水膜,最后均匀洒铺卵石进行镇压。

五、植物种植应按照"定位——→挖种植穴——→解除包装物(根、茎、叶、形修饰和摘除标签)——→种植回填——→浇水"这个基本流程进行;草坪铺设前,应对作业面进行一次夯实,避免不均匀沉降,保证坪床平整。有条件的应该均匀洒铺一层细砂后再铺设草皮卷。铺设完成后,还要进行洒水和夯实。

六、本图纸第一天须完成放线、黄木纹石墙干垒、24景墙;

　　　　第二天须完成花池、木平台、钢板;

　　　　第三天须完成木座凳、绿墙、全部铺装;

　　　　第四天须完成水景、植物种植;

七、本说明未尽之处,由技术专家组最终解释。

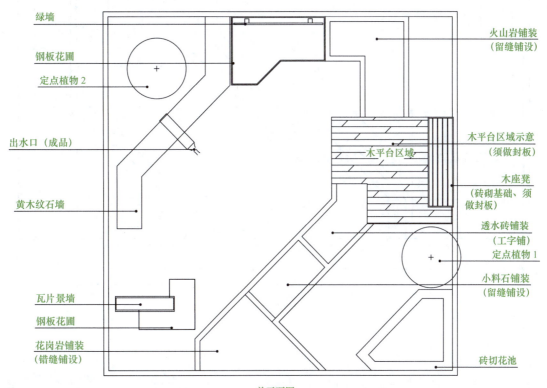

总平面图

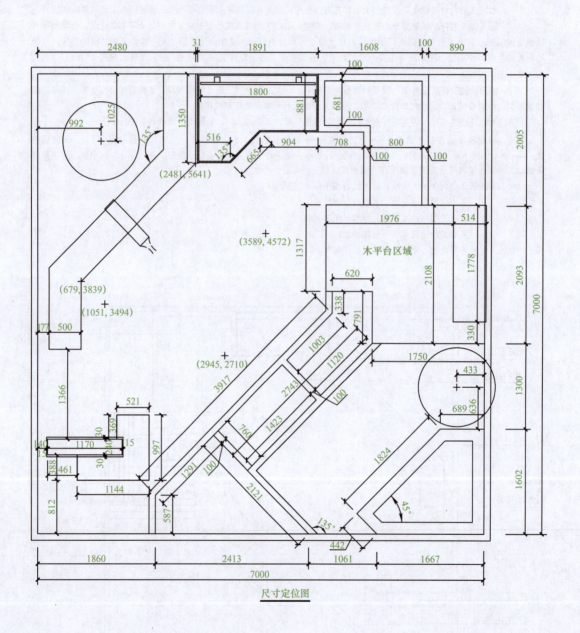

尺寸定位图

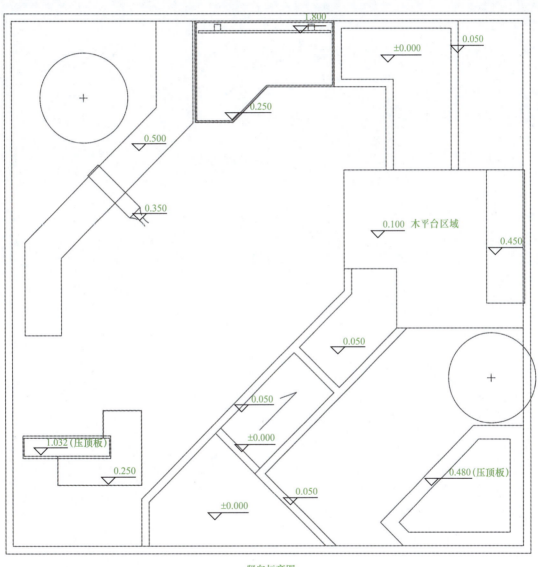

竖向标高图